U0161965

中国寺庙的园林环境

（第2版）

［美］赵光辉　著

中国林业出版社
China Forestry Publishing House

《中国寺庙的园林环境（第2版）》
ZHONGGUO SIMIAO DE YUANLIN HUANJING

图书在版编目（CIP）数据

中国寺庙的园林环境 /（美）赵光辉著. -- 2版. --
北京：中国林业出版社, 2020.2
ISBN 978-7-5219-0463-5

Ⅰ.①中… Ⅱ.①赵… Ⅲ.①寺庙—园林艺术—中国
Ⅳ.①TU985.14

中国版本图书馆CIP数据核字（2020）第021142号

著作权合同登记号　图字：01-2019-8044

责任编辑：何增明　王全

────────────────────────

出版发行　中国林业出版社
（100009　北京市西城区德内大街刘海胡同7号）
http://www.forestry.gov.cn/lycb.html
电话：（010）83143517　83143632
印刷　固安县京平诚乾印刷有限公司
版次　2020年4月第1版
印次　2020年4月第1次印刷
开本　787mm×1092mm　1/16
印张　15
字数　300千字
定价　88.00元

────────────────────────

序言（第1版）
FOREWORD

　　中国传统园林遗产是世界文化史的一份瑰宝。长期来，对于这份光彩夺目的园林遗产，我们的目光主要盯视着帝王苑囿和私家园林这两大分支，而忽略了它的另一支脉——寺庙园林。这是应当为之叫屈的。

　　寺庙园林称得上是个庞大的园林分支。它包括佛寺、道观的园林，也泛指历史名人纪念性祠庙的园林。它是寺庙建筑、宗教景物、人工山水、天然山水的结合体。小者只是寺院内部的咫尺小园，大者构成萦绕寺院内外的大片园林，甚至可以结合山川景胜，形成大面积的园林环境。在现存的传统园林中，论数量，寺庙园林远比帝王苑囿、私家园林多；论特色，寺庙园林颇有一系列帝王苑囿、私家园林难以具备的特长。在封建时代，它不像禁苑那样专供帝王御用，也不像私家园林那样局限于私人专用。它面向广大的香客、游人，带有公共游览性，具有适应多阶层游客观赏的景观内涵和满足大数量游人的环境容量。在选址上，它突破了苑囿和宅园分布上的局限，可以广布在自然环境优越的名山胜地。自然景色的特殊，环境景观的独特，天然景观与人工景观的高度融洽，是多数寺庙园林具有的优势。一些著名的大型寺庙园林往往历经若干世纪持续开发，在漫长的岁月中不断地扩充规模，精化景观，积淀着宗教史迹和名人故事，题刻下文人雅士的吟诵、碑记。自然景观与人文景观相交织，使寺庙园林蕴含着丰厚的历史、文化的游赏价值。

　　近年来，随着旅游事业的发展，寺庙园林越来越引人注目。传统园林的这支重要组成受到我国园林界、建筑史界的重视，陆续开展了专题考察研究。本书作者赵光辉也投入了这支行列，选择寺庙园林作为他的硕士研究生毕业论文的研究课题。他把注意力关注于寺庙园林的环境，从"人—建筑—环境"的高视点，提出了"园林环境"的概念，论述了寺庙的外部园林环境和内部园林环境。他从环境景观的角度，分析了风景地貌的类型和寺庙园林的构景特色，概述了寺庙园林"靠山吃山、靠水吃水"，因地制宜，扬长避短，发挥风景地貌特色，浓化环境意蕴，创造独特的、千姿百态的景观格调的历史经验。他着眼于总结寺庙园林的设计意匠和组合规律，划分了寺庙园林的空间类型，归纳出寺庙园林环境空间组合的基本模式，结合典型实例，分析了自然环境空间、建筑群体布局和个体建筑空间形态三个层次园林化的规律和手法。他进一步追索寺庙园林构景矛盾的传统处理手法，从现存的丰富多彩的寺庙园林实例中，围绕建筑的"人工"与自然的"天趣"的矛盾，少量的封建内容与浩大的环境容量的矛盾，自然地貌的弊病与景观优化要求的矛盾，梳理出前人巧妙处理这些矛盾的一些规律性的手法。赵光辉的这些论述和生动、形象的插图，揭示了寺庙园林遗产的丰富内涵，粗线条地总结了寺庙园林的丰富遗产得以借鉴的历史经验。

感谢出版界朋友的重视和支持，光辉的书稿得到出版的机会，作为他的指导教师，我是分外高兴的。限于我们的教学水平，限于工作时间的紧促和实地考察的有限地域，文稿只是侧重地研究了寺庙园林遗产中上面提到的这些课题，对许多其他课题尚未能触及。调查的寺庙园林实例也集中于一部分地区，未能在全国范围内进行广泛地考察。一些论述和见解也难免有不当和错误之处，衷心期望得到专家们和广大读者的教正。

侯幼彬

1986年1月于哈尔滨建筑工程学院

序言（第1版）
FOREWORD

　　保护风景名胜、开发风景名胜、建设风景名胜是当前大家重视的问题。但如何保护、如何开发、如何建设又颇费探讨。除在环境观点上、社会观点上、经济观点上进行综合考虑外，在风景景观、环境空间的美学观点上还要考虑对人所引起的精神作用。所谓"得山川之灵气，受日月之光华"，可以养人浩然之气。柳宗元云："清冷之状与目谋，瀯瀯之声与耳谋，悠然而虚者与神谋，渊然而静者与心谋"。从目之所见、耳之所闻的具体感觉，到对环境空间悠静深沉的感受，发人之所不能发，启人之所不能启，使人心领神会，提高精神境界。前人对峨眉山、青城山、剑门、夔门分别以"秀、幽、险、雄"四字状其灵性。在园林方面，则有北雄、南秀、岭南巧之议。乾隆诗有："南方石玲珑，北方石雄壮。玲珑类巧士，雄壮似强将。风气使之然，人自择所尚。"则是对园林选用石材时的见解。园林的类别有：皇家苑囿、名人纪念园林、私家园林、宗教寺庙园林、城市公园和风景名胜区等。关于皇家苑囿、名人纪念园林、私家园林、公园绿地和风景名胜区等，当前已有诸多著述，而专攻寺庙园林和寺庙园林环境的著述，尚不多见。赵君光辉在寺庙园林索源上、环境类别上、规划处理上、景观组合上、美学欣赏上进行了探讨，获得了丰硕的成果。现公诸同好，共同研究，以期能提高园林环境的意境品位。

　　"天下名山僧占多"。其实寺庙与风景名胜是相得益彰的关系。寺庙丛林与风景名胜结合，或占领江山，或点染江山，创造出更好的园林景观环境。其意义就不仅是寺庙园林的环境而是遍及风景名胜区的环境探讨了。整体统帅局部，局部服从整体。由相景选址到相地立基，由立基及空间环境的组合到院落、造型的规划布置，由院落的造型组景到佛道的哲学、玄学的探索。由耳目的感受到精神境界，由形到意。由认识自然到顺应自然，由顺应自然到融入自然，由融入自然到点染自然。正如《道德经》所云："一生二，二生三，三生万物；地法天，天法道，道法自然。"使人巧合于天趣，这是带有总结性的论证。

　　当然，佛寺丛林，宫观庙宇，都属于宗教体系，各有观点。在园林环境上，峨眉山寺院与青城山宫观有别。同是佛教四大名山的峨眉山、普陀山、五台山、九华山，它们的园林环境，在形意的处理上也各有不同。峨眉山传奇雄秀，普陀山佛国海天，五台山殿宇辉煌北国风光，九华山人天融合而有民居气氛。武当山、崂山、青城山、华山、泰山、恒山的宫观庙宇、园林环境，虽同属道家体系，有其相似之处，亦有其不似之处。灌县、青城山的宫观系同一地区的道教设施，在选址、立基、园林环境上亦有不同的处理。青城山的庙宇环境在隐、藏、幽上用功夫。灌县的二王庙、伏龙观则在雄、显、江山形胜上用功夫。二王庙面向大江，空间广阔，雄踞山腰，富有强烈的表现力。伏龙观位于离堆矶头，控制内江宝瓶口，引导杨枝甘露的江水向东流去，灌溉千万顷田畴，其意义就更大了。赵君光辉的著述中对这些方向，都有探讨，是值得一读的文章。特此数行，是为序。

四川省科技顾问团顾问，重庆园林学会理事长，国家城市规划学会、
风景环境学组、历史文化名城学组委员
赵长庚
1986年春

前言（第2版）
PREFACE

初作于1987年问世，参与了香港书展，但其纸张和印刷比现在质量差许多。然系首次以新观点研究宗教建筑和自然环境关系，总结出寺庙园林系统造景手法，此书很快就告罄。因当时限于各方面条件，本人忙于他事，无暇顾及。后来到了美国，挂客座访问教授名，国内的情况亦不得而知。

在美国访问期间，美方大学园林景观、建筑历史学家和设计界闻知我有此专著，建议翻译成英文，并协助我联系了有关出版社，欲在国际上介绍中国的寺庙园林——这一除去皇家和私家园林外，更独具环境特点的中国传统园林。但因种种原因未果，一直拖延至今。

此后多次与专业内外人士接触，知道此著作早已绝版，他们想获得无法，甚至有不法之徒盗版渔利，波及了教育系统和大学，故朋友们纷纷建议再版。在美期间，美国朋友戴维·肯多和美国出版界也促我做外文版的准备。我们也初步翻译出部分英文稿。

特别是前后几十年间，我在原哈建工（即哈尔滨建筑工程学院，已并入哈尔滨工业大学）的研究生导师侯幼斌教授，指出这一著作再版很有意义，并多次操心为我联系再版。几经艰辛波折多年后，去岁末在一次风景园林高峰会议上，联系上了中国林业出版社，此是三生有缘。

瞬间几乎半世纪，当日的寺庙和自然山林，现已是天壤之别；建筑、道路、景观、容量、功能性质、管理机构等等都发生了巨大变化，当日清静幽雅的圣地，几多多成为喧闹商业游乐市场，晨钟暮鼓，多失去原有的清纯。

此著作虽绝版，所幸发现了当年的旧稿。记得当时用大半年时间，以一个小书包，多本速写，300元研究生经费，东奔西跑，上至五台山尖峰菩萨顶，下至云南洱海滇池、绝壁龙门、石宝山，目测步量手指卡，以肢体为器，测绘速写，得到了大量带粗略地形等高线的总平面图和建筑群体、个体平立剖面。这些庙宇，所幸当日多是游人罕至之地。这些用汗水换来的原始速写图稿，是难以用金钱来计量的资料，而今，此乃大幸。

更有幸是本人和出版社商议，能局部打破原作格局，增加新内容，重版此书。

但因此著作所涉及的多是汉文化之地，还有众多的、难以描述的藏族和其他民族的多元文化的浩瀚绝妙的寺庙，有待我们去开发研究。

赵光辉
2019年1月30日
于美国佛罗里达州奥兰多

前言（第1版）
PREFACE

　　"人—建筑—环境"是当代世界引人注目的重大课题，建筑师的眼光已从建筑个体扩大到群体，由群体又扩大到环境。"环境科学""环境设计"等成为应运而生的崭新学科。

　　这些学科所要解决的建筑和环境相融合的问题，在我国古典建筑中并不陌生。我们的祖先在处理人工建筑和自然环境的有机关系上，有着丰富的经验和杰出的成就。传统园林艺术，就是这些经验和成就的体现。

　　园林艺术，是美化环境的艺术。我国的寺庙园林，结合了宗教功能，以集中的寺院景观和分散的寺庙园林环境两种方式出现，其实质都是寺庙建筑和环境的园林化。寺庙园林化的外部环境和内部环境，都是以传统园林构景艺术对自然山林环境和建筑内外环境的美化和加工。星罗棋布、难以数计的寺庙园林，为我们研究传统园林构景艺术，提供了比帝王苑囿和私家园林更为广阔的天地。

　　寺庙园林环境类型丰富，布局多样。在园林构景和空间处理上，在建筑与自然环境的有机结合上，在开发和利用天然风景资源上，都有与帝王苑囿、私家园林不同的特点。对寺庙园林环境作系统的探索和研究，将大大丰富我国的园林艺术理论和创作手法。

　　寺庙园林环境是古代的公共游憩场所，也是现代的旅游胜地。它的优美景色和丰富的名胜古迹，吸引着古往今来，成千上万的游客。对它的探索和研究，对保护和利用我国的风景名胜和文化古迹，美化人们的生活环境，促进和发展我国的旅游事业，都具有十分现实的意义和值得借鉴之处。

　　拙作从构景艺术和环境设计的角度，提出"园林环境"的新概念，突破狭窄的"园林"概念，把园林化的环境纳入园林艺术范畴，把园林创作提高到环境设计的高度，从剖析宗教建筑的旅游功能入手，对我国寺庙的园林环境做初步的探索研究。试图通过总结、归纳和分析寺庙园林环境的类型、选址、布局、构景、空间和环境的处理等问题，摸索我国古代建筑和环境园林化的一些途径和规律；摸索我国古代在开发自然风景资源和美化自然环境中，处理建筑与环境的矛盾的某些历史经验。这些探索和分析仅仅是初步的，加之资料缺乏和经验不足，谬误在所难免，恭请读者指正。

赵光辉

1985年1月8日

我们不要把世俗问题化为神学问题，我们要把神学问题化为世俗问题。

——马克思

园林艺术不仅替精神创造一种环境……而且把自然风景纳入建筑构图设计里、作为建筑物的环境来加以建筑处理。

——黑格尔

目 录
CONTENTS

第一章

寺庙园林
环境概述

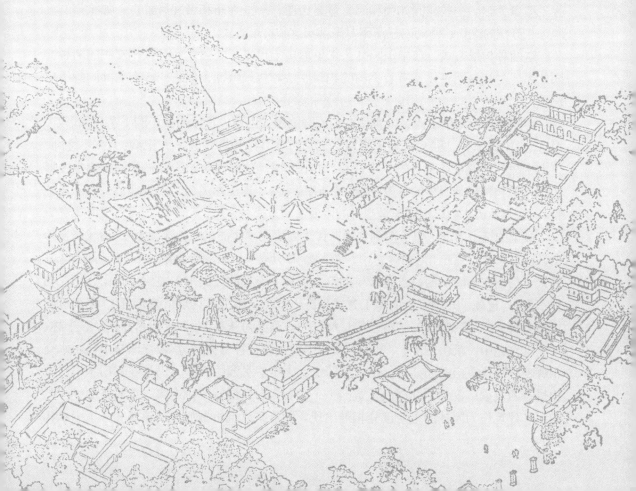

第一节
寺庙园林环境的概念

我国的传统园林是通过人工美和自然美相结合，采用构景艺术手法，以建筑为主要手段，对环境进行加工，创造出布局自由、曲折幽深、充满中国山水诗画意境的观赏和游乐的生活环境。

传统的园林构景艺术，范畴广阔，类型丰富，名谓繁多。有园林、苑囿、庭园、山居、别业、风景名胜等等。按其功能属性又分为皇家苑囿、私家园林、寺庙园林和公共游憩的名胜风景区等。

传统构景园林艺术有两种不同的构景方式：

其一是以人工山池为景观结构主体，绿化以人工栽培为主，以人工造景为主，天然景观为辅。大多数私家园林，如苏州留园、拙政园等，以及苑囿、皇宫中的某些小园，如颐和园的谐趣园、故宫的乾隆花园等，都属这种构景方式。

其二是以自然山水为景观结构主体，借自然林木为主要绿化，以天然景观为主，人工造景为辅。一些苑囿如颐和园、避暑山庄，一些寺庙和名胜风景点，如杭州的灵隐寺、苏州的虎丘、西湖的三潭印月等都属这种构景方式。

这两种构景方式，在中国园林艺术发展史上形成了既独立而又互相交织的两种造园体系。尽管这两种体系有着不同的构景手法和构景特征，但它们都有着共同的历史渊源。

中国园林起源于商周，以实用功能的囿的形式出现。古体的圃（囿）字为象形字，"从田，中四木"。"囿者筑墙为界域，而禽兽在其中也"。《孟子》记载："文王之囿，方七十里，刍荛者往焉，雉兔者往焉，与民同之。"实用功能的狩猎是囿游的主要形式，打猎和种植是园林的主要功能。《新序》曰："周王作灵台，汲干池沼……泽及枯骨。"在自然山水中筑台掘池是当时的主要造园方式。

最早的筑山活动，似可追溯到周。传说周穆王"西征东归，建羽陵"。清代龚自珍考证曰："天子西征，得羽岭之山，东归蠹书羽陵……乐羽岭之游，归而筑羽陵也。"周天子仿西方羽岭筑山，这是最早的筑山传说。春秋的《尚书》提到"为山九仞，功亏一篑"，记载了开始筑山的施工方式是夯土筑山，施工工具是土筐（篑）。秦汉筑山更加盛行。《三秦记》曰："秦皇作长池，……筑土为蓬莱山。"汉武帝在建章、上林、未央等宫苑中，筑山掘池，"聚土为山，十里九坡，种奇树"，宫殿在园林中与山水交相辉映。汉代筑山造园盛行，扩大到了士大夫中。私园的兴起，仍是在真山水中造园构景。西汉袁广汉"于北邙山下筑园……构石为山，屋皆徘徊连属，重阁修廊……"。山石和建筑作为园林的主要部分相继出现。随着秦汉筑山掘池、以建筑和人工山水构景造园的活动由宫廷扩展到民间，奠定和发展成为我国人工山池园林的构景体系。从此，我国的园林构景艺术形成了两个支脉。一方面以人工山水为主体结构的传统园林，占据了城市园林的舞台，另一方面以自然山水为主体结构的山水园林，在广阔的自然山林中，不断向前发展，延续了两千多年。

秦汉时期的宫苑，结合真山水构景造园不乏其例。《史记·始皇本纪》载："……先作前殿阿房……周驰为阁道，自骊下直抵南山，表南山之颠为阙，为复道自阿房。"《三辅黄图》记载："始皇广其宫，规恢三百余里，离宫别馆，弥山跨谷，复道相属，阁道通骊山八百余里，表南山之颠为阙，络樊川以为池。"这种依山傍水，在"骊山北拘而西折"，使"二川溶溶，流入宫墙"的"弥山跨谷"的宫苑，便是以自然水构景造园的例证。

随着佛教的传入和兴盛，佛寺建筑大为发展。优美风景区的佛寺，成为庶民崇佛和游憩场地。东晋慧远法师在庐山建东林寺，造祇园精舍，经营寺庙园林。此后在自然风景区中建佛寺造园林之风更为盛行，风靡中原。

魏晋时期，佛教思想和玄学成为士大夫文人逃避现实的避风港。崇尚自然、寄情山水的风气，在艺术上大大推动了山水诗、山水画的发展。这种纸上经营的"山水设计"所用的理论和手法，又进一步影响和推动了在实际自然山林中构景造园的山水设计。唐代王维的辋川别业，白居易的庐山草堂，都是在山林中筑的宅园。到了唐宋时期，对公共游憩性的风景区的开发，更是以自然山水骨架构景的实例。从唐开发曲江、宋在汴梁开发近郊风景区，到南宋时西湖自然风景区之盛，都说明以自然山水构景的支脉仍在绵延发展。直至明清，在自然山林中营建寺庙园林、皇家园林和山居别墅的活动均不亚于城市园林的叠山掘池的造园活动。由此可以看出，我国传统园林艺术中，两种构景方式是同源异脉、互相交织，不断向前发展。

在这两种构景方式中，人工对环境的艺术加工起着不同的作用。前者或是通过写意手法再现自然山水，或是以人工点缀美化建筑环境；后者则在自然景观基础上，通过"屏俗收佳"等构景手法，剪裁、调度和点缀山林环境，使景色更集中、更精炼，从而美化了自然山水，创造出高于自然的优美环境。

在构景艺术中，人工对环境的加工程度有很大差异。有的在庭院中缀以拳石草树，构成庭园小品；有的大面积开池叠山，配以亭台楼阁，成为优美的园林景色；有的利用自然景物稍事建筑点缀，加以人工美化，形成真山水中具有园林特色的景胜。这些不同加工程度的景致，习惯上分别称为庭园、园林和风景点。

当代，对园林的含义和范畴，众说纷纭。原因在于把园林的狭义和广义的概念未加区别。

其一是将"园林"囿于过分狭隘的概念。只重视人工山池为构景主体的园林，忽视传统园林中以自然山水为主体的构景方式，甚至理解为园林必须在有墙围合的或大或小的院落内，与外部自然环境的关系只是"借景"的间接联系。这样就不免挂一漏万，划地为牢，束缚了我们的手脚，将大量的在自然山水中的成功的构景经验和杰作排斥在"园"外，对进一步广泛地探索我国传统园林构景艺术不利。

其二是从广义概念出发，笼统以"园林"泛指庭园、园林、风景点等园林构景艺术也不甚恰当。一方面，以同一词既指狭义的园林，又指广义的"园林"，字面上混淆，易引起混乱，已不甚科学。再加上三者间虽有共同点，但各自又有特点，不能混为一谈。尤其是"风景点"一词，概念甚为模糊，它既可指未开发的自然风光或虽有建筑但未以园林构景艺术手段对风景进行加工的景观，又可指经过人工加工、具有园林特色的景观。三种景观的概念截然不同，纳入"风景点"一词已不甚妥当，如再归入"园林"一词中，更易引起概念混乱不清。

实际上，庭园、园林和具有园林景观的风景点，虽然加工程度不同，但都同属美化环境的构景艺术。它们既有各自的特点和明显的差别，而在功能上，构景要素上，构景手法上，在达到的意境效果上，以及在崇尚自然，以自然美作为园林的美学标准方面，又都有着很多共同之处。它们之间有着量的渐变和质的内在联系，三者的边界十分模糊，以致很难截然划分出明确的界线，故有必要也有可能以一类称把它们统一起来。

既然庭园、园林和具有园林景观的风景点都同属美化环境的园林构景艺术，而"园林艺术不仅替精神创造一种环境……而且把自然风景纳入建筑构图设计里，作为建筑物的环境来加以建筑处理"（见黑格尔《美学》第三卷上册），园林艺术和环境设计有着这样紧密的联系，所以我们可以把目光跳出狭隘的"园林"概念，跳出大园、小园的围墙，把传统园林看成是环境的美化设计；把上述三种构景类型也看成是以构景艺术手法所创造的人们之"精神的环境"和"建筑的环境"，即都"是一种爽朗愉快的环境"（见黑格尔《美学》第三卷上册）。

为了更准确地体现各种园林构景艺术类型和环境设计的关系，更广泛地对传统构景艺术手法和成功的经验进行探索研究，在概念上不引起混乱，这里把利用园林要素，采用构景手法，形成园林景观，具有园林意趣的，即园林化了的环境，统称为"园林环境"。因此，园林环境的范畴包括庭院、园林和具有园林景观的风景点（本文后面所指的"风景点"，皆为此带园林特色的风景点）。

从庭园到风景点，景观范围由小到大，自然情趣由淡到浓，人工的痕迹由多到少，景观格局由集中到扩散。它们的关系由个体扩大到群体，从群体再扩大到环境（图1，图2）。

① 庭园
② 园林
③ 外部园林环境

图1　园林环境的范畴示意

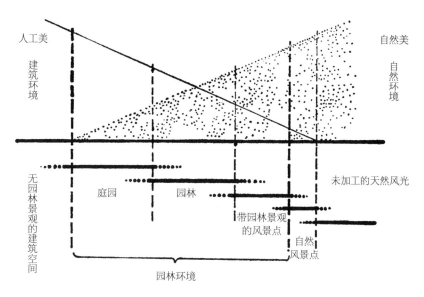

图 2　建筑、自然环境与园林环境的关系

　　服务于宗教的园林环境，我们笼统称为寺庙园林环境，包括佛寺、道观等宗教建筑所属的庭园、园林和风景点，宗祠、名人祠庙等传统纪念性建筑，其功能、格局也带有宗教建筑色彩，这些建筑所属的庭园、园林和风景点，在这里也纳入寺庙园林环境的范畴。

　　按所在的地方和构景特征，我们可把寺庙园林环境归为城市型、山林型和综合型。

　　城市型一般位于城市和近郊，寺外无园林环境，常有独立的寺园，园内以人工造景为主，其风格和构景特征与私家园林差异不大，这里不作重点论述。

　　山林型一般位于自然风景优美的山林村野，寺外具有园林环境或山林环境，以自然景观为主，辅以人工造景，是其主要的构景方式。

　　综合型一般位于风景条件较好，地形复杂的近郊，兼有前两者的特点，既有自然景观为主的构景，也有人工景观为主的构景，两种构景方式综合并用。

　　山林型和综合型的寺庙园林环境，是我们讨论的重点。

第二节

寺庙园林环境的由来

　　佛教和道教是我国古代的主要宗教。两教间长期纷争和互相影响，使佛教融入了魏晋玄学和道家思想，成为中国化的佛教。佛道合流深刻地影响了寺庙建筑。我国的佛寺建筑形制是从中国传统建筑演化而来，佛寺、道观与宫殿、衙署、第宅、祠堂、园林建筑都同属木构架体系，故两教建筑具有很大的一致性。这里以佛寺为主，简述寺庙园林环境的由来及其发展因素。

我国是多民族的国家，由于客观因素，本文没条件对其他民族，特别是藏族的喇嘛庙，进行系统研讨。

（一）寺庙园林环境是描绘"天国"的特殊手段

"天堂地狱说"几乎是一切宗教思想的核心。宗教竭尽一切手段来宣扬虚无的"天国"。中国传统园林艺术也被利用，成了描绘"天国"的特殊手段。净土宗《无量寿经》描绘极乐世界"所居舍宅，称其形色……楼观栏楯，堂宇房阁，广狭方圆，或大或小，或在虚空，或在平地，清静安稳，微妙快乐"，实际是借人间的园林形象，以文字来描画天国的景象；佛教壁画中的极乐世界，重楼华宇，回廊殿阁，碧池璨珣，虹桥卧波，廊外有山林美景，天上有妩媚的飞天……实际是借绘画，以园林形象来描绘"天国"风光。佛寺的经营，更进一步直接以宫殿式建筑和园林景色，为"佛"提供在人间的"宫殿"和"苑囿"，"经营雕丽，宛若天宫"（《续高僧传》），极力展示了天国的幻影。南朝梁武帝时，"梵宫琳宇遍布江东"，同泰寺"楼阁殿台，房廊绮饰，凌云九级，俪魏永宁"（《历代·三宝记》）。唐代显庆年间建的西明寺，"楼台廊庑四千区"，敬爱寺"妙极天工，巧穷鬼神"；道教东明观"长廊广殿，图画雕刻，道家馆舍，无以为比"（《城坊考》卷四）。殿宇楼阁和自然环境构成的仙境，与地狱般的人间苦难生活，形成极强烈的对比，产生了极大的诱惑力，寺庙园林环境遂成为人们赏心悦目的场所，起到了宗教所需要的"寓教于乐"和"潜移默化"的作用。

（二）寺庙园林环境是佛教玄学化的产物

魏晋以来，庄周思想渗入佛教，禅宗成了"披天竺式袈裟的魏晋玄学"（范文澜著《唐代佛教》）。世俗玄学家以旷达放荡、纯任自然为风尚。这种寄情山水，崇尚自然之风也在佛教中盛行。唐代无业禅师谓弟子："野逸高士，尚解枕石漱流，弃其利禄，况我禅宗……"（《无业传》）。以享有山林之乐为高雅，不甘居于人后。禅宗懒馋和尚高歌："……莫漫求真佛，真佛不可见，种种劳筋骨，不如林下睡，山云当幕，夜月为钩，卧藤萝下，块石枕头，不朝天子，岂羡王侯，生死无虑，更复何忧"（范文澜著《唐代佛教》）。更是脱去了袈裟，淋漓尽致地宣扬和追求沉湎于山水、放浪形骸的闲乐生活。

庄子，姓庄名周，漆园吏，实际为管理园林的小官，他的哲学就体现了自然的法则。

在此风气的影响之下，世俗统治阶级兴建"城市山林"，不出市井，"于闹处寻幽""不下堂筵，坐穷泉壑"。宗教上层人物经营寺庙园林，则不入市尘，既尽山林之乐，又享人间豪华。东晋慧远法师在庐山"造精舍，尽山林之美"，开创寺庙园林之先河。此后，寺庙造园之风历代不息，遍及各地。"南朝四百八十寺，多少楼台烟雨中。"从诗人杜牧的笔下，我们可见到当年寺庙园林的盛况。

（三）寺庙园林环境是传统园林的衍生

"寺"在秦汉时，原意是指官署。佛教传入后为外僧借居，演变成佛寺。官署建筑遂成为寺庙建筑的源流之一。洛阳白马寺的前身，就是鸿胪寺官署。此外，佛教号召世人施财舍宅佞佛，《上品大戒经》云："施佛塔庙，得以千倍报"；酬报如此优厚，致使"舍宅为寺"之风盛极一时，第宅建筑也成为佛寺建筑源流之一。

官署和第宅，大都有较好的绿化或精美的园林，为寺庙园林环境提供了先天的条件。"晋咸和二年（公元327年），王与弟珉，以别墅舍建虎丘寺"（《桐桥倚棹录》）。其寺成为吴中第一胜景。唐代画家王维之弟王缙，官居相位，佞佛尤甚，含宅为宝应寺，常常请人参观游览（《王缙传》）。王维的辋川别业是有名的园林，王缙之宅园无疑也臻上品。苏州的名园狮子林、沧浪亭也几度成为庵寺，至今仍花木繁茂，景色诱人。世俗园林与寺庙园林环境的"血缘关系"如此亲密，可以说寺庙园林环境实质上就是世俗园林在宗教中的衍生。

（四）寺庙园林环境是以旅游招揽香客的钓饵

为了吸引信徒，集聚资财，宗教引进了人们所喜爱的一切世俗活动，作为威慑手段的补充。唐中期以后，禅宗盛行，佛教更为世俗化，"僧徒的实际行动与世俗人几乎没有什么差别"（范文澜著《唐代佛教》）。一切世人的消闲游乐生活，都渗透入宗教内，诗琴棋画、商市戏社无所不有，游园观览活动更大大地在寺庙中展开，猛烈地刺激了寺庙园林环境的开发。寺庙不但在城市中营建寺园，而且纷纷占据名山大川，开山修庙，增设斋堂客舍，经营风景佳丽的旅游环境，从而受到王公贵族、文人学士甚至城市平民的喜爱和资助。各阶层提供的人力物力，促进寺庙园林环境的开发，虽然历代盛衰，佛寺也几经兴废，仍以强盛的生命力在山林中绵延千年，成为我国历代的旅游胜地。

（五）促进寺庙园林环境开发的其他因素

（1）统治阶级的支持，保障了寺庙园林环境的开发

宗教是统治阶级压迫人民的工具，受到历代帝王的推崇和提倡，在政治上和经济上为寺庙的营建和园林环境的开发，提供了可靠的保障。很多名山寺庙都是皇帝敕建。隋文帝一得天下，马上敕令"在五岳各建一寺"（《历代三宝记》）。以后又"令诸州名山之下各置僧寺一所，并赐庄田"（《释氏稽古略》卷二）。唐代宗佞佛尤胜，亲令在五台山建金阁寺，"铸铜为瓦，涂金瓦上，照耀山谷，费钱巨亿"（《王缙传》）。和尚怀义伪造《大云经》，吹嘘武则天是弥勒下凡，武后即"赐令天下各置大云寺"（《长安志》）。时人云："今之伽蓝，制过宫阙"（《狄仁杰传》）。睿宗崇道教，为女造道观，其中安国观"门楼高九十尺……垒石象蓬莱、方丈、瀛洲三山"（《剧谈录》）。帝王皇族一方面推崇宗教，另一方面也借进香事佛，赏游名山胜景。故这些寺庙往往有供他们游冶的优美的园林环境。北京西山寺庙，就是供皇族事佛游乐的寺庙园林。

在统治阶级的萌宠、纵容和保护下，宗教一方面得到帝王赏赐田庄寺产，另一方面对人民欺骗掠夺，形成了雄厚的寺院经济，为寺庙园林环境的开发提供了稳固的物质条件，因而才能崇饰殿宇，穷极雕绘，"造寺惟恐不大不壮不高不多不珍奇瑰怪，无有人力可及而不为者"（杜牧《杭州新建商亭子记》）；也才可能在城市或深山幽林中，广泛地建寺造园，即使在艰难的地形条件下，也不惜人力物力创造奇绝景观，把寺庙的营建和造园构景活动持续千百年。

（2）文人学士的参与，提高了寺庙园林环境的构景艺术质量

历代文人学士，常与僧人结为尘外之侣。他们学识高，艺术鉴赏力强，经他们直接或间接参与，把晋唐以来山水诗画的"山水设计"经验，运用在实际的自然风景开发上，把他们对山林的感情，揉入了寺庙园林环境，创造出了中国式的洋溢着诗情画意的园林景色。唐代画家吴道子和诗画名家王维常常浪迹于山林佛寺之中；欧阳修和柳宗元都亲自参与了寺庙的造园活动。大书法家颜真卿、米芾等的手迹刻成的摩岩碑刻，成为独特而宝贵的人文景观。很多高僧，本身就是艺术修养很高之士，由他们亲手经营，更直接提高了寺庙园林环境的构景艺术质量。

（3）宗教的狂热，刺激了开发寺庙园林环境的热情

宗教的麻醉和诱惑力，激发了广大匠师和艺术家的宗教热情，使他们以极大的热忱，虔诚地投入佛寺的营建和寺庙园林环境的开发活动。他们竭尽其聪明才智和毕生精力，忘我地劳动，以血汗智慧夺天工，穷鬼神，创造出了瑰丽多彩、千奇百巧的寺庙园林环境。

第三节

寺庙园林环境的特点

寺庙园林环境既有宗教功能，又有公共旅游功能。这种宗教性、公共性、旅游性使它与世俗园林既有共同的特点，又有很大的差异。

从观赏游览的角度看，寺庙园林环境和皇家苑囿、私家园林除了面向的对象和范围不同外，它们都具有传统园林共同的游乐功能和一般特点：在构景意境上崇尚自然，以山水意境为主题；在布局上求其自由曲折，幽邃深远；在构景手法上强调因借，"屏俗收佳"，组织完整的景观序列。尤其城市型寺庙园林，更与私家园林无多大差别。

然而，寺庙园林环境具有的皇家苑囿和私家园林所不同的宗教性和公共性，又为它带来了一些特点。

（一）具有宗教和旅游的双重功能和风格

宗教功能在寺庙建筑中占有主要地位。烧香拜佛是僧众和游客在庙中的主要活动，故佛殿神堂在寺庙建筑格局中，总放在核心位置。佛寺中的山门、钟鼓楼、天王殿、大雄宝殿、藏经楼等宗教活动建筑，按香客事佛活动的顺序，沿一条中轴线向纵深展开，成了佛寺基本的程式化的格局。道观的主要宗教建筑的布局与佛寺大同小异。

旅游功能在寺庙中处于从属的地位，它的园林环境虽千变万化，但总尽可能地保证其宗教功能，维持着宗教活动建筑的基本格局，受到宗教活动的很大影响。因此必然与皇家苑囿和私家园林在格局上有很大的差异。

寺庙园林环境的双重功能，使它的景观不但具有旅游的观赏游乐内容，同时也具有宗教内容。其建筑物既是信徒事佛烧香的场所，又往往成为观赏游览的景观建筑。寺

院中的水池既美化了环境，又兼作放生池，供善男信女积德行善用。再加上以佛塔、经幢、碑刻、摩崖造像等宗教小品参与构景，造成了既有园林气氛又有宗教色彩的景色。

寺庙园林环境的双重风格，使它不但常有雍容华丽的风格，也常有朴质典雅的格调。宗教功能和寺院经济，为寺庙园林环境提供了穷极奢华的条件，创造出"仙山琼阁"的景象。另一方面由于它多居山林村野，而且面向的对象不单是王公官卿，更主要是广大社会基层，使它更接近民间，受民间建筑风格的熏陶影响，从而也具有比皇家苑囿、私家园林更自然、更典雅、更具山林情趣的风格。

（二）具有选址自由和构景素材丰富的优越条件

世俗园林为所依附的宫殿府邸牵制，分布和选址受到局限，除去少数占较好的景观条件外，多数需以人工造景为主要景观。而寺庙随宗教的传播，遍迹八方，选址灵活自由，从而给寺庙园林环境的开发，带来优越的自然风景条件。寺庙选址，多占风景优美的名山胜景。寺庙园林环境所在之处，有崇山峻岭、沟壑溪谷等种种不同的天然风景地貌和变化万千的自然景观，还具有丰富多彩的历史文化、名胜古迹，为寺庙园林环境提供了丰富的构景条件。优越的自然条件，"自成天然之趣，不烦人事之工"，故除去在城市的寺庙园林外，其构景手段更偏重于借助自然景观，更着力于"因地制宜""景到随机"，创造出了千变万化、丰富多彩的园林景观。

（三）具有浩大的空间容量和灵活多样的建筑格调

由于寺庙园林环境是公共游览场所，香客信徒、文人墨客纷纷云集，尤其在进香拜佛季节，游人摩肩接踵，更要求有较大的活动空间。所以寺庙园林环境的空间容量，远比私家小园的容量大。私家园林占地少，一般是几亩、几十亩。现存最大的私家园林拙政园也不过七十八亩。而寺庙园林用地，虽因寺院大小而差异悬殊，但往往都大大地超过了私家园林，再加上山林水泽、云崖险峰的空旷浩渺，更显得其环境空间容量巨大。许多大型寺院空间容量大，视野广阔，具备了深远、丰富的景观和空间层次，以至能近观咫尺于目下，远借百里于眼前。由于寺庙园林环境景观深度、广度和空间的层次都十分丰富，对比变化十分强烈，往往在一寺庙中，形成了远近、大小、高低、动静、明暗等强烈对比的立体化的环境空间。

在浩大的空间容量中，寺庙园林的观景点和景观建筑分布，是由近到远，由密集到疏散的，加上景区的分散、主次干道的穿插、延伸，一方面容纳下寺庙中游览和事佛活动的大量人流，另一方面也以弹性的容量，适应随季节性变化的人流量。当人流容量超饱和时，提供了向外疏散、漫延的可能，在容量少时，又可向内集聚收敛。浩大的空间、弹性的容量，这也是寺庙园林环境的特点之一。

另外，由于寺庙园林环境所处的不同地理条件、地域的差异、经济条件的差异，使其规模、布局、风格和用材上都有极大的差异性和伸缩性。在不同的条件下，有的是重檐广厦，叠嶂空谷；有的仅为一小筑，独居一隅。有的用高贵华丽的建筑材料，有的就近采取山林岩石作为建筑用材，这就使得寺庙园林环境在布局、规模、格调上差异也十分悬殊。灵活、多变的布局和多种多样的格调，是寺庙园林环境的又一特点。

第二章

寺庙园林环境和
风景地貌

 第一节

风景地貌的作用和寺庙选址的重要性

"相地合宜，构园得体"是我国造园名著《园冶》对选址重要性的精辟论述。"相地"对寺庙的经营和寺庙园林环境的开发，同样都是十分重要的。寺庙选址首先得保证有良好的生活条件，满足使用功能要求，才能使寺庙扎根立足。庙址要近水源，解决寺里的饮用；要有林木，解决燃料和维修用材；要朝阳、背风、通风，有较好的小气候条件；要地势较高，防避山洪侵袭；要幽隐，但交通又要方便，虽在深山，又要近集市村落，既保持清静，又不能造成香客难至和供应困难，如此种种，都是寺庙的生活和生存的必要条件。也是寺庙选址"合宜"的重要条件。

其次，寺庙香火，依赖信徒、游客拜佛进香和旅游观景。名山大川中，旅游生活以"观山望景"为主要内容，风景地貌是构成景观的极重要的因素，也是吸引游人信徒趋至，保证香火兴旺的重要手段。寺借景扬名，景借寺增色。风景佳丽的地貌，提供了良好的构景条件，加上云雾烘衬，霞光映染，更能创造出超尘出世的"仙景"，以达到宣扬宗教的目的。因此，寺庙选址总是结合生活条件，精心选择优美的风景地貌，以此为经营寺庙、开发寺庙园林环境的战略性措施。

风景地貌给寺庙园林环境打下了良好的构景基础，提供了不同特征的构景素材：或雄伟挺拔，或险峻奇绝，或秀丽淡雅，或深邃清幽，或高缈旷阔……我国的名山，常以这些优异的特征而称誉天下，如泰山的雄、黄山的奇、华山的险、峨眉的秀、青城的幽等等，都是有名的风景绝色。这些风景特征所表现出的自然美，为寺庙园林环境提供了风景意境主题。紧紧抓住这些特征，以人工美化，让人的情感注入景物，情景交融，从而创造出意境深邃的园林环境。

我国宗教历来对庙宇选址极为重视。"僧占名山"，反映出他们对宗教基地的精心挑选和强占争夺。凡兴建寺宇，住持僧总要派弟子云游四方，选择佳丽之地。唐代自在禅师"命弟子至江南选山水佳丽处，将以终老"，作为他的基地。历史上，佛道之间和寺庙之间争夺名山胜景之事屡见不鲜。佛教四大名山中，峨眉、五台就是从道家手中夺得。唐代佛道两家争夺四川青城山，大动刀兵，甚至惊动皇帝来调停；诏其"勿令相侵，观还道家，寺依山外旧所，各有区分"。由此亦可见庙址和风景地貌的选择对宗教的重要性。

第二节

风景地貌的主要类型和构景特色

千变万化的地理条件，为寺庙园林环境提供了各种不同的风景地貌。充分选择和利用优越的风景地貌，"靠山吃山，靠水吃水"，因地制宜，扬长避短，发挥其风景特色，就构成了绚丽多姿、气象万千的园林景观。

寺庙园林环境的地貌类型，除去城市、市郊平缓地形外，大致有峰峦、山间、水体、崖畔、洞穴和综合地貌等。

（一）峰峦

描绘风景的国画，称为山水画。传统园林又称山水园。山水常成为风景的代名词，可见山和水是我国传统景观艺术的重要构成。峰峦是群山之首，它有高、险、幻的风景特征。

高：峰巅高拔，视野广阔，借景深度和广度皆佳。峰峦突出，"为远近大小之宗主"，是周围环境的制高点，易构成优美的天际线，成为风景区的构图重心。

险：山尖峰顶，形势险峭，白云萦绕，瑰奇胜绝。险峰颇有吸引力，易构成诱人景观。

幻：山高峰奇，云雾氤氲，地势和气象变幻万端。若借高山奇幻景象，纳四时景色作为构景因素，如日出日落，云海霞光等，常能成为其他地貌类型所少见的奇幻景观。

寺庙充分利用这些地貌特征，构成了具有峰峦特色的园林景观。其构景手法常见有以下一些特点（图3）：

（1）"铤而走险"，强化其险

高峰险景，最有魅力。如把握"险情""铤而走险"，在关键的险绝之处，点缀以构景建筑，更能突出强化险景。

四川江油市窦圌山云灵寺，有被李白咏为"樵夫与耕者，出入画图中"之佳景。寺后三峰矗立如圌，形若画屏，风光绮丽险绝。三峰高拔三百余米。云灵寺突兀入云，在三峰尖上，紧贴绝壁建庙，下峭壁如削，真是险上加险；三峰唯一峰可登，余下二峰皆以铁索勾连，以作交通，更是险得奇绝！峰顶小庙，凌空欲飞，构成了以峰峦奇险特征为主题的景观（图4）。

陕西佳县香炉寺，位于黄河西岸，滔滔黄水，贴岸奔腾而过。岸边绝壁峰顶上，点缀几幢佛殿，凌空的危峰尖上，又建一小殿，以小桥飞连，令人望而股寒，也为险上加险的奇观（图5）。

（2）取势剪影，强调天际线

峰高巍然，天幕下剪影尤为显眼。"远山看势"，实际是看剪影之势。故在峰上以

峰峦景观奇险　　　　　　　　　　　点缀建筑，加强险景

（1）"铤而走险"，强化其险

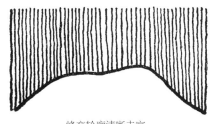

峰峦轮廓清晰丰富　　　　　　　　　以建筑取得优美的天际线

（2）取势剪影，强调天际线

峰峦地势局促　　　　　　　　　　　让出风景面对景观有利

（3）让出风景面，敞向广阔地带

图3　利用峰峦地貌构景的几种手法

图4　四川江油市窦圌山景观

图5　陕西佳县香炉寺景观

建筑组群轮廓线强调山势，取势剪影，重视天际线的造型，是取得较好的峰峦景观远效果的有效手法。

镇江金山寺是构成突出的优美天际线的佳例。金山为一孤峰，寺依山而起，重楼华宇，鳞次栉比，被誉为"寺包山"，景色甚为壮观。金山塔峭立峰顶，插入云际，与殿宇楼阁组成了曲折高矗的天际线，在蓝天白云衬托下，给人强烈的印象，更突出了孤峰鹤立的巍峨气势，成为方圆数十里的风景中心（图6）。

（3）让出风景面，敞向开阔地带

峰上借景条件甚好，但地势多局促，经营建筑应让出风景面，使组群外围向开阔地带敞开，边沿布置观赏点，供人远眺，借取山外景色。

镇江甘露寺是在峰巅借景较好之例。寺位于长江边北固峰上，地势虽狭窄陡峭，但能三面俯览大江，故虽为名寺，却不强求宏大豪华之排场，而以简朴小巧的殿宇顺应地势，抓住可借江景之利，巧做文章，尽力让开临江风景面，沿江绝壁上建祭江亭、摩天亭和北固楼等观景点，凭栏眺望，极目万里长江，成为"千古江山"一大胜景（图7）。

寺庙还充分调动峰顶奇幻景象作构景因素，烘托寺庙景观，诸如峨眉金顶佛光、泰山日出、庐山云海等等，不胜枚举。

（二）山间

山间地貌极为丰富，其风景特征随地势起伏，植被变化和地域不同而各有所异。

斜：山间地势，总的为倾斜之趋势。但其间丘墾岗阜变化多端，林木或繁茂或扶疏，自然景观甚为丰富。在山坡高岗上，地势显露，周围山势连绵，背依重峦叠嶂。在此斜坡上构景，以群山相衬，能获较深远的风景层次。而且斜坡上尚有一面至三面开阔地，亦能有较好借景条件。

幽：山间谷墾之中，古木藤萝阴翳，光线柔和，空气清新，景色葱茏雅静。若发挥清宁深邃的特色，利用山林掩映，以藏为主构景，能造成十分幽雅的风景意境。

窄：山间植被繁茂，沟墾纵横，视线常被林木山崖所阻，空间视域较窄，但景观曲折，少一览无余之弊。在此间常以近观山水为主。

在山间构景，常见以下一些特色。

（1）巧用地形，充分借景

山间的岗阜高坡上，常随机应变，巧用地形，在不同的标高上布置观赏点，充分借景。昆明西山太华寺建在山坡上，背倚山崖，面向滇池，依山就势，利用山坡高下，分层设置观赏点。游人在石坊、天王殿、一碧万顷楼、缥缈楼和长廊上，都能反复饱览滇池风光，将浩浩烟波、点点风帆尽收于眼底（图8）。

山间高坡除去能充分向外借景，也能因地势显露，山势起伏，易构成壮丽巍峨的景观，提供山外景区远眺的借景。承德外八庙，多建于承德避暑山庄外的东北山坡上，随着山势起伏变化，构成一组组金碧辉煌、参差有致的景观，似众星拱月，与避暑山庄的美景遥相呼应，互相借景。外八庙中的普陀宗乘庙，层层叠叠，铺压在高差几十米的山坡上。建筑布局曲折变化，起伏错落，很是有趣。寺的前部按宗教的布局，以明显的中轴对称体现寺庙的气势。寺庙中部，从五塔门开始，穿过琉璃牌坊，中轴线渐渐消失，道路、林木、山石，依山势地形变化，自然地和建筑组合成景，曲折蜿蜒的山道旁，汉藏风格相融的建筑，略加人工山石的点缀，显得十分活泼有趣（图9）。

（2）无景可借，重视近景

当山间环境为壑谷林木蔽掩时，视域狭窄，无条件借景，赏景多为观赏近景。"山水近望取其质"。近观山水，应重视近景和细部的处理，或在山林中，点缀景观建筑，构成层次分明的画面；或将自然景物着意烘染，形成特写近景。如昆明西山华亭寺隐藏在山间丛林内，视野狭窄，景观条件较差，故此处稍加人工，积水为潭，筑廊建亭，形成山色相衬的近赏景观，亦颇有园林趣味（图10）。

有些寺庙对地形略加人工点缀，结合自然山石，造成十分动人的景观细部。北京大觉寺建在北京西郊阳台山麓，风景十分秀丽。寺后院的园林中，天然石块铺成的台阶和假山，与山坡的山势脉理浑然一体，假山、石径穿插在修竹古树之中，幽静荫郁，野趣自然。承德的殊象寺，后院结合自然山岩叠山筑洞，山道曲折盘旋，岩洞奇诡多姿，加以古树，八角亭阁等建筑的映衬，景观十分别致。用山石林木以园林构景手法点染寺庙建筑的例证，在外八庙中比比皆是。即使是宗教性很强的建筑，如普宁寺的所谓"部洲"建筑，有的在外环境的设计处理上，也吸取了园林叠山手法，成为更接近园林意趣的景观建筑（图11、12）。

（3）藏于山间，以幽取胜

秀丽和清幽，是山林壑谷的重要风景特征。寺庙园林环境的景观常突出这一特征，避免了人工太盛而损害了风景的自然情趣，很好地创造了"幽"的意境。四川青城山的寺庙建筑组群隐蔽在繁茂的山林中，藏而不露，藏露结合，再以桥、亭、奇石、花木、清泉、园路等组成的园林景观，在建筑群体和自然环境间穿插、过渡和烘衬，使主体建筑隐藏而不冷僻，突出而不陡然，保持了山间风景清静幽邃的气氛，达到以幽取胜的效果。北京香山的碧云寺，掩映在浓荫蔽日的山坡上，寺内园林环境着意于幽静的园林气氛的烘托上，被誉为"西山一径三百寺，唯有碧云称纤浓"。寺后的崖壁石缝中，引出清泉，流入水渠，绕廊而过，汇集子殿前石池中。池水清澈，养金鱼以供观赏。这种泉声瑟瑟，清流回环，浓荫拥翠，鱼影沉浮的景象，充分体现幽静典雅的自然情趣。

（三）水体

自然风景中，"山以水为脉，水以山为面""山得水而活，水得山而媚"，山水相依，十分亲密，故以水体为主题构景，常离不开山林烘衬辅佐，以创造出"山灵水秀"的园林景观。

"水，活物也。"水体有丰富多变的形态和特征。

它有溪、泉、瀑、涧、潭、池和江河、湖海等形态。

它有形象，有大小、深浅、盈亏、动静、缓急；有溅、涌、回、流、喷；有微波、巨浪、涟漪等等。

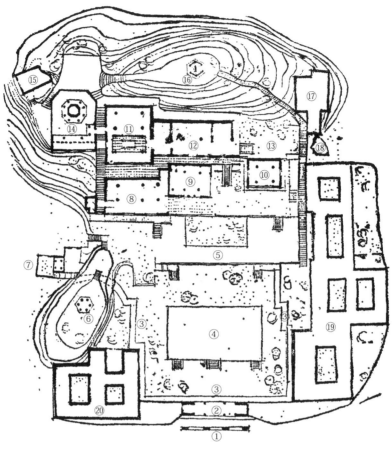

金山寺平面示意图

平面图

① 石牌　② 山门　③ 回廊
④ 殿遗址　⑤ 殿遗址　⑥ 金鳌亭
⑦ 仙人洞　⑧ 小观音阁　⑨ 小观音观
⑩ 耳厅　⑪ 黄鹤楼　⑫ 大观音阁
⑬ 逍遥楼址　⑭ 金山塔　⑮ 法海洞
⑯ 天下江山碑　⑰ 妙高台　⑱ 扇亭
⑲ 方丈房　⑳ 方丈房　㉑ 观鱼馆
㉒ 百花馆　㉓ 白龙洞　㉔ 大门

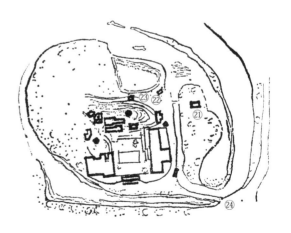

金山总体示意图

图6　镇江金山寺（1）

金山寺景观

从金山顶上俯视

图6 镇江金山寺（2）

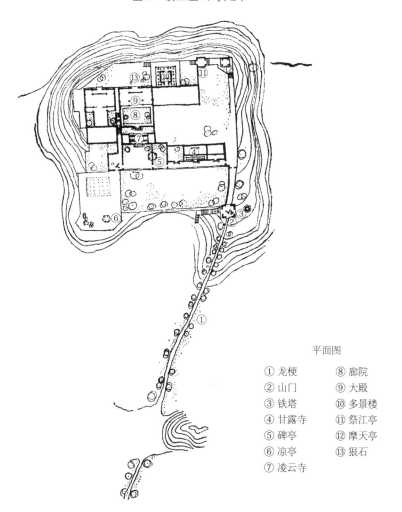

平面图

① 龙梗　　⑧ 廊院
② 山门　　⑨ 大殿
③ 铁塔　　⑩ 多景楼
④ 甘露寺　⑪ 祭江亭
⑤ 碑亭　　⑫ 摩天亭
⑥ 凉亭　　⑬ 狠石
⑦ 凌云寺

图7 镇江甘露寺（1）

祭江亭处一览江天景色　　　　　　　北固山峰上的甘露寺

图7　镇江甘露寺（2）

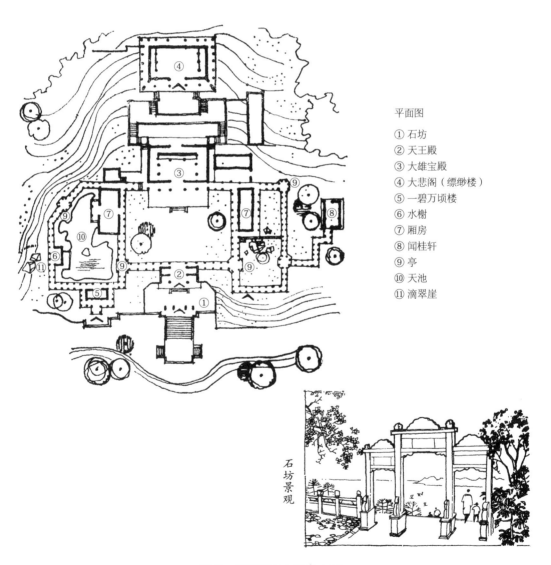

平面图

① 石坊
② 天王殿
③ 大雄宝殿
④ 大悲阁（缥缈楼）
⑤ 一碧万顷楼
⑥ 水榭
⑦ 厢房
⑧ 闻桂轩
⑨ 亭
⑩ 天池
⑪ 滴翠崖

石坊景观

图8　昆明西山太华寺（1）

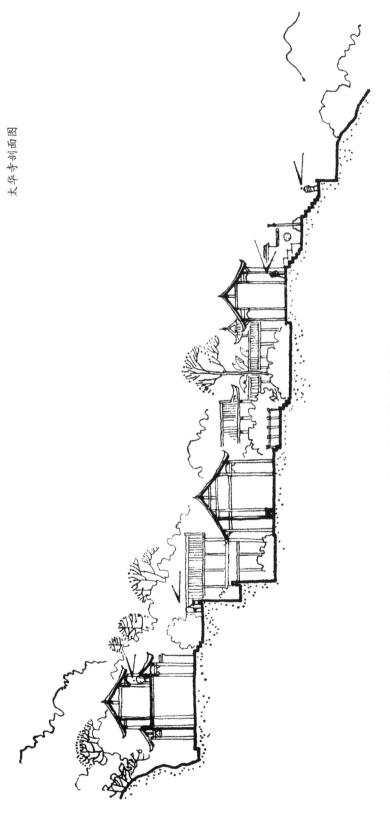

大华寺剖面图

图 8　昆明西山大华寺（2）

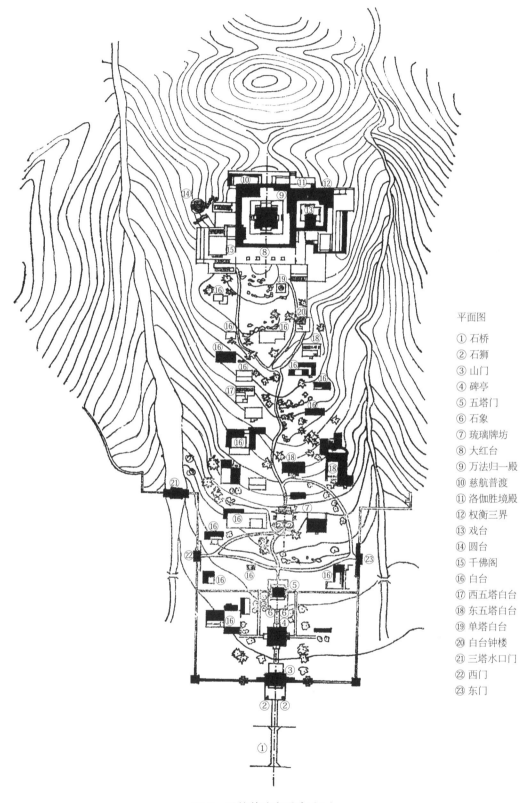

平面图

① 石桥
② 石狮
③ 山门
④ 碑亭
⑤ 五塔门
⑥ 石象
⑦ 琉璃牌坊
⑧ 大红台
⑨ 万法归一殿
⑩ 慈航普渡
⑪ 洛伽胜境殿
⑫ 权衡三界
⑬ 戏台
⑭ 圆台
⑮ 千佛阁
⑯ 白台
⑰ 西五塔白台
⑱ 东五塔白台
⑲ 单塔白台
⑳ 白台钟楼
㉑ 三塔水口门
㉒ 西门
㉓ 东门

图9　承德普陀宗乘庙（1）

琉璃牌坊前的景观

汉藏风格相融的建筑——白台

图 9 承德普陀宗乘庙（2）

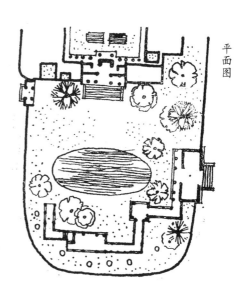

平面图

华亭寺水池景观

图 10 昆明西山华亭寺的庭园

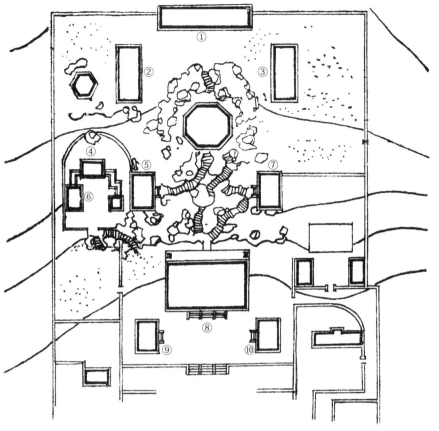

① 清凉楼
② 慧喜殿
③ 吉晖殿
④ 香林室
⑤ 雪静殿
⑥ 倚云楼
⑦ 云来殿
⑧ 会乘楼
⑨ 面月楼
⑩ 指峰殿

图 11　承德殊像寺后院平面图

图 12　承德普宁寺北俱卢州殿景观

它有色彩，春绿夏碧，秋青冬灰；清流澄澈，深沉黛黝；飞溅喷激时又如玉似雪。

它有声响，清泉汩汩，溪流淙淙，滴水叮咚，惊涛骇浪震声如雷……

它还有光，有影，可见波照影，可羡鱼荡舟，可濯足品茗。它也有感情性格，或飘忽如绮似云，或悲恸如泣如诉，或忿懑如狂如怒。有喜怒哀乐、粗犷、温柔、含蓄、刚健、勇猛、平和等。借水烘托意境，可达到很好的效果。

寺庙园林环境，充分结合各种水态，抓住风景特色，利用波光倒影，水质水声，悉心构景，造就了丰富多彩、生趣盎然的园林景观。

以水体为景观主题构景的寺庙园林环境，在布局和构景上常见下列一些特点：

（1）沿着溪流呈带形布局

寺庙濒临溪流，园林环境多沿岸呈带形展开，其范围大而狭长，景观布局疏朗。水体多为动态，建筑、游览线和水体交织穿插，结合观赏风景，可组成以动观为主的多种游览活动，形成丰富曲折、活泼亲切的园林环境（图13）。

杭州灵隐寺是借清溪构景的佳例。寺依山面水，山溪清凉，溪上筑一水坝，于寺前成一较大水面，溪水越坝飞湍而下，淙淙有声。临水建冷泉、壑雷、春淙等亭，既点了景又供人游乐休息、濯足戏水。清溪对岸是飞来峰，半山建翠微亭，与寺成对景。峰下有天然溶洞，怪石突兀。临水有石桥曲径，点缀了摩崖佛像等宗教小品。水景辅以山色，成了优美的寺庙园林环境（图14）。

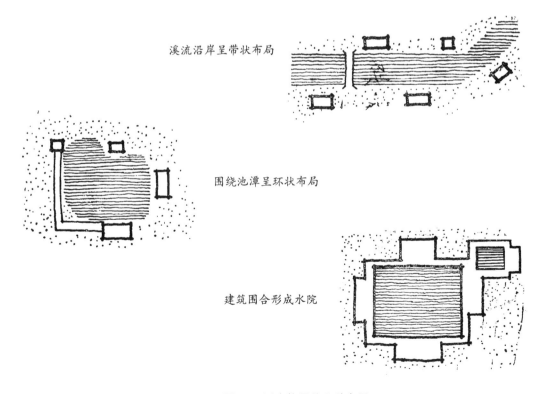

溪流沿岸呈带状布局

围绕池潭呈环状布局

建筑围合形成水院

图 13　以水构景的几种布局

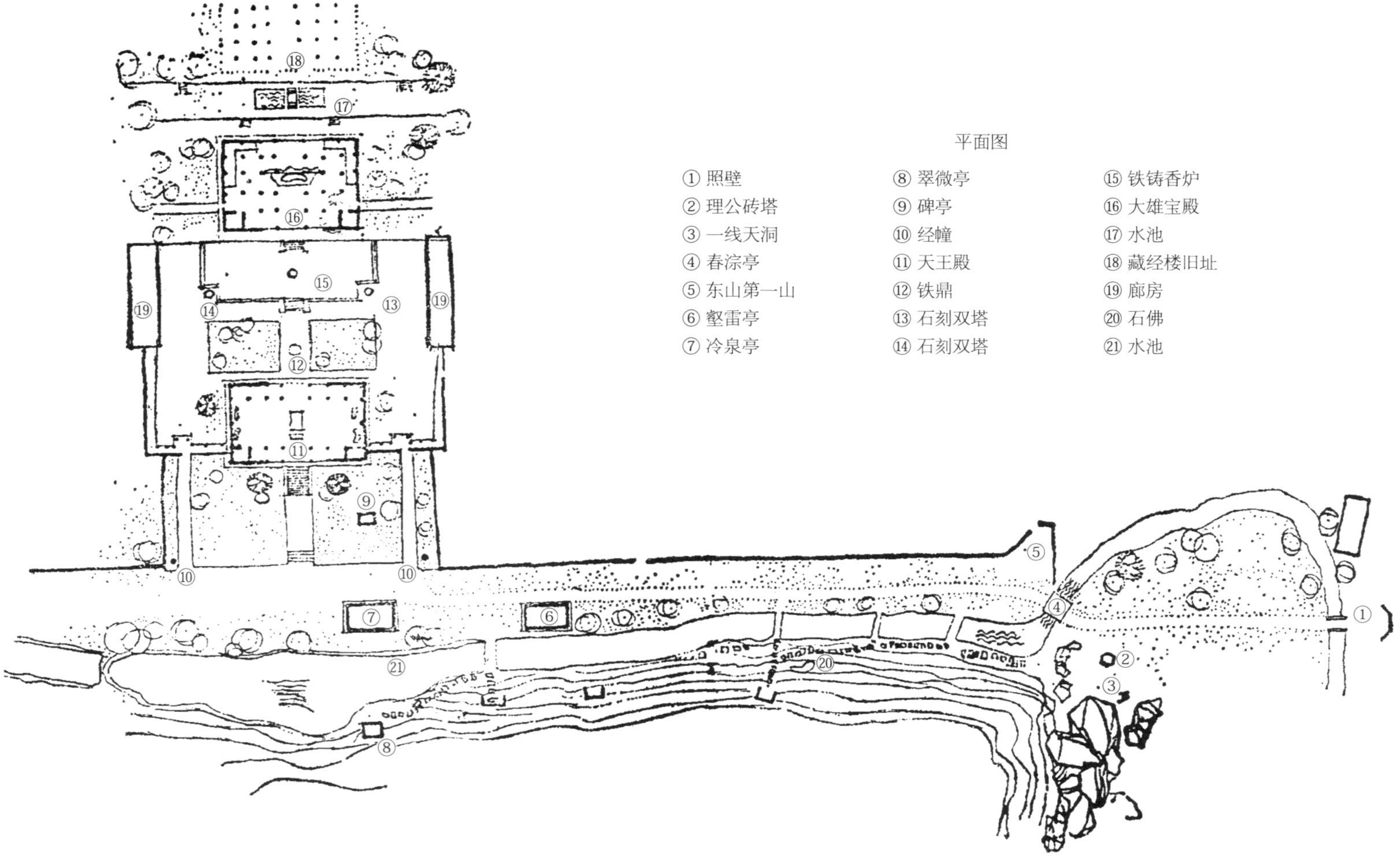

平面图

① 照壁
② 理公砖塔
③ 一线天洞
④ 春淙亭
⑤ 东山第一山
⑥ 壑雷亭
⑦ 冷泉亭

⑧ 翠微亭
⑨ 碑亭
⑩ 经幢
⑪ 天王殿
⑫ 铁鼎
⑬ 石刻双塔
⑭ 石刻双塔

⑮ 铁铸香炉
⑯ 大雄宝殿
⑰ 水池
⑱ 藏经楼旧址
⑲ 廊房
⑳ 石佛
㉑ 水池

图 14 杭州灵隐寺（1）

春淙亭景观

壑雷亭一角

图 14　杭州灵隐寺（2）

凝翠亭景观

摩崖造像构成的景观

图 14　杭州灵隐寺（3）

　　太原晋祠，以泉、渠水系为构景主题，圣母殿、献殿、水镜台等建筑依次排列在南北主轴线上，关帝庙和唐叔虞祠两组建筑群的轴线，与主轴几乎垂直。这些建筑群或依水，或临水，或自成小院，或随意散布，穿插着亭、桥、楼、阁、戏台、水榭，渠水在建筑间蜿蜒曲折，叮咚作响，与建筑交织一起，沿渠组成一组组美丽的水景，增加了活泼欢快的气氛，打破了建筑群体轴线对称布局的严肃规整，是我国北方寺庙中少见的园林环境（图15）。

　　四川峨眉清音阁是以溪流山石为构景主题的胜景。寺建于双溪交汇处的山坡上。寺前黑白二龙江飞注斗捷，轰鸣山谷，水声传出数里之外。山岩被江水冲刷镂刻，形成奇诡的形状。道道沟槽的黑色岩石，与湍湍水流、雪白浪花形成强烈的对比。一条纵轴线把大雄宝殿、双飞亭、牛心亭连成一气，构成"双桥清音"的景观（图16）。

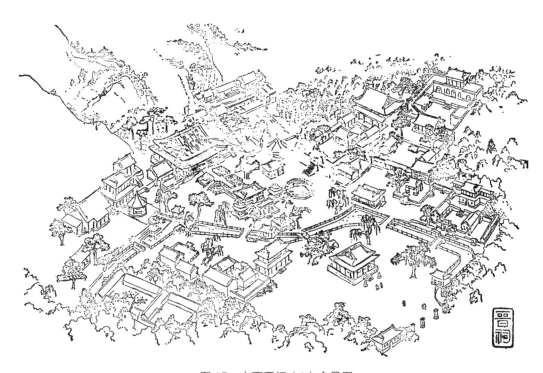

图 15　山西晋祠（1）全景图

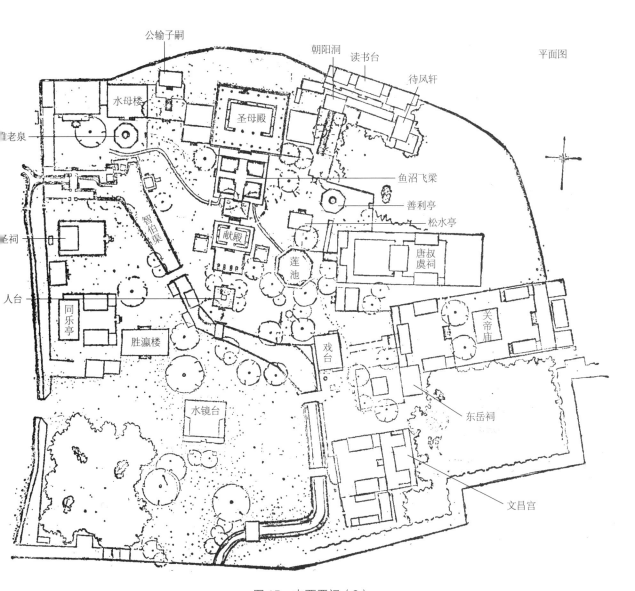

公输子祠 朝阳洞 读书台 平面图
水母楼 待凤轩
圣母殿
难老泉 鱼沼飞梁
善利亭
智伯渠 松水亭
圣祠 献殿 唐叔虞祠
莲池
人台 关帝庙
同乐亭 戏台
胜瀛楼
水镜台 东岳祠
文昌宫

图 15 山西晋祠(2)

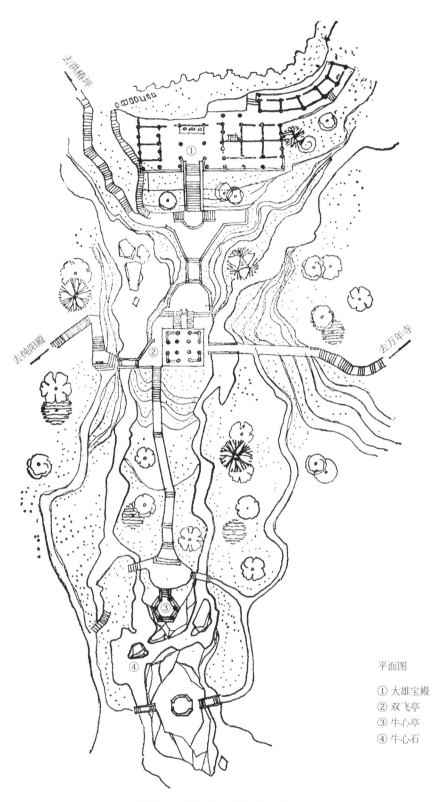

平面图

① 大雄宝殿
② 双飞亭
③ 牛心亭
④ 牛心石

图 16 四川峨眉清音阁（1）

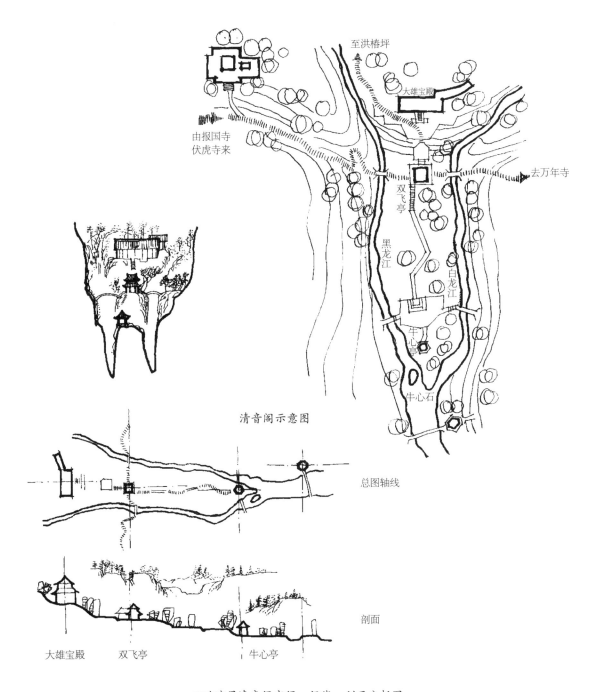

至洪椿坪

大雄宝殿

由报国寺
伏虎寺来

去万年寺

双飞亭

黑龙江

白龙江

牛心亭

牛心石

清音阁示意图

总图轴线

剖面

大雄宝殿　　双飞亭　　　牛心亭

四川峨眉清音阁空间、视线、剖面分析图

图 16　四川峨眉清音阁（2）

大雄宝殿景观

双飞亭和黑龙江景观

图16 四川峨眉清音阁（3）

（2）环绕池潭呈环形布局

在池、潭边构景的园林环境，水面开阔而集中，水体多为静态，建筑和景观环绕水面布局，组成了环形游览线，成为明朗开阔、重点突出的园林景观。杭州黄龙洞以池为构景中心，周围环绕亭廊、湖石，构景灵活，随机应变，十分得体。其右侧小山坡上，就山势叠成几个高低不同的水池，最高处引泉水注入石雕龙头，形成蛟龙吐水的景观。泉水几度跌落，汇集于池；池岸叠石为洞，水里置汀步、架小桥，与亭廊相连。游人环池观景，在廊上水边漫步，左顾右盼，皆得妙景（图17）。

昆明黑龙潭在龙泉山下，涌泉而成。其处古木幽深，碧潭如镜，环境甚为佳丽。龙泉观和黑龙宫在潭的南北，轴线互相垂直，山门都面向龙潭，如手捧玉珠把龙潭抱入怀内，围绕潭水建山亭、石坊、小桥、石级，景色幽静深邃（图18）。

（3）围合水面呈水院布局

水面较小，水质清佳，水体平静，多以静观细品为主要观赏活动。常以建筑围合成封闭或半封闭的水院，池岸楼阁，水中倒影，相映成趣，构成十分别致的园林环境。

杭州西湖虎跑是水院构景的典型。寺内泉水穿插，依山傍势，形成山水浑为一体的大小十余个水院。楼台殿宇，回廊院墙，围绕泉池，加上山崖林木的烘衬掩映，成为幽雅的以品茶、赏泉为主题的园林景观（图19）。

昆明圆通寺，也是以水院为主题的佳例。寺建在螺峰山陡崖下，殿宇、曲廊、水榭紧贴水边，围绕一潭碧波。潭中建八角亭，以两洁白拱桥相连。水院平静清秀，游人宛若置身水乡泽国（图20）。

（四）崖畔

悬崖绝壁，峭立于江河湖泊之畔或壑谷深渊之侧，它既别于孤峰矗立的峰峦，又不同于幽静的山间，有着特异的风景特征。

虚：崖畔之上，云雾横断，陡峭壁立，上空而下虚，使人若凌空欲飞，其垂直视角最大，可仰可俯，借景以俯借为主，但亦有水平远借之便。

危：崖畔壁立，山岩嶙峋，地势高下，无所依托，景观最是危绝。人于此往往怵目惊心而又心旷神怡，易于创成"仙山琼阁"的境界。

难：悬崖之上，地形狭窄，难容弹丸，营建和构景最是艰难，条件甚为苛刻。多以人工开凿，争以一席之地，挑梁架屋，成为寺庙景观中的奇景。

以绝壁悬崖地貌特征构景，亦有以下特点（图21）：

（1）尽量凌空，突出其危

凌空感是悬崖绝壁的主要特色，在此架屋构景，尽量占边悬空，充分发挥俯览借景的特点，既增加了景观魅力，又可造成缥缈虚幻的景观气氛。

四川乐山大佛寺，是以危崖构景的佳例。寺前有七十余米绝壁，滔滔大江，拍崖而去，风景甚为壮观。这里紧扣绝崖特色构景，除去在悬崖上凿出香道，绝壁上凿出七十一米高的大佛外，在绝壁上又凿出九曲石级，直下大佛脚边，悬崖上建亭榭，俯视崖下，使人心悸目眩，构成了奇伟险绝的景观（图22）。

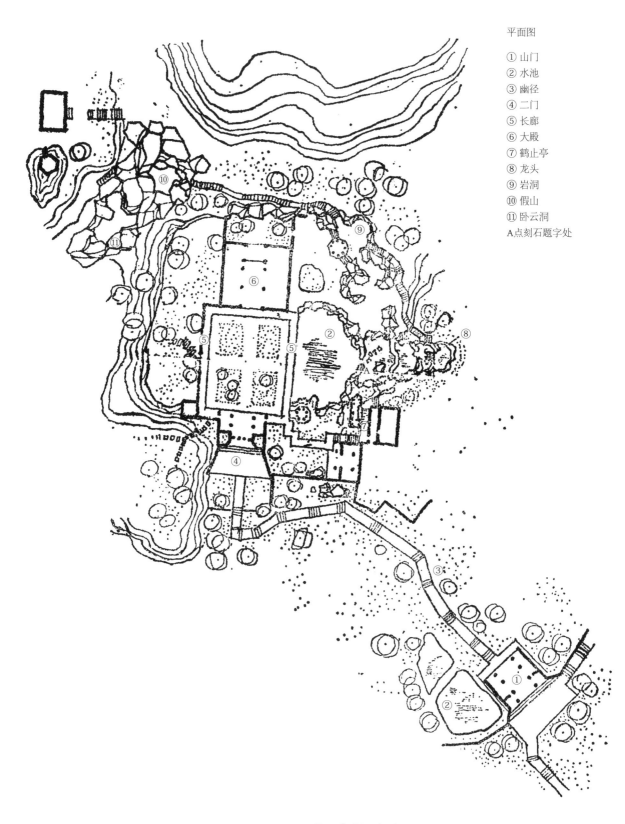

平面图

① 山门
② 水池
③ 幽径
④ 二门
⑤ 长廊
⑥ 大殿
⑦ 鹤止亭
⑧ 龙头
⑨ 岩洞
⑩ 假山
⑪ 卧云洞
A点刻石题字处

图 17　杭州黄龙洞（1）

水潭景观

黄龙洞水边的石洞和小桥

图 17　杭州黄龙洞（2）

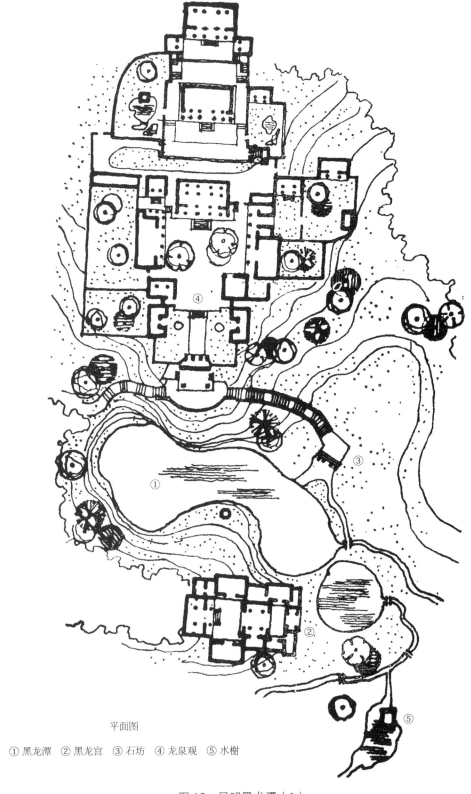

平面图

①黑龙潭 ②黑龙宫 ③石坊 ④龙泉观 ⑤水榭

图 18 昆明黑龙潭（1）

黑龙宫景观

黑龙潭的石坊

图 18　昆明黑龙潭（2）

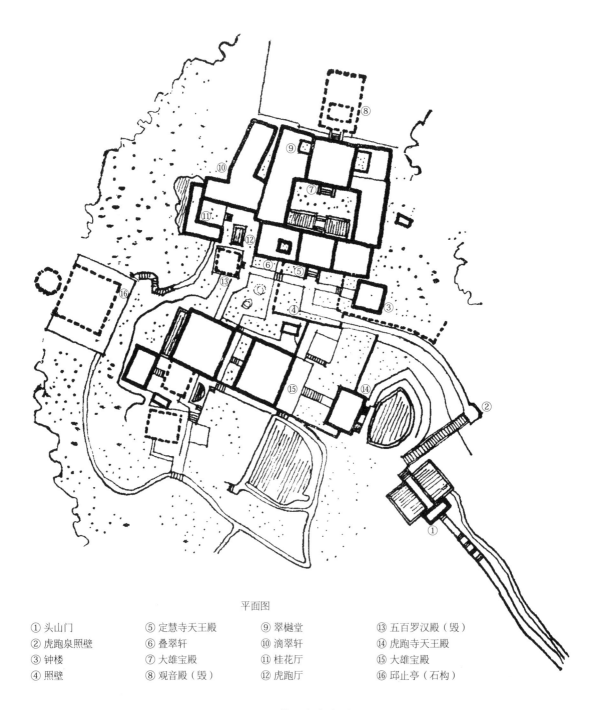

平面图

① 头山门   ⑤ 定慧寺天王殿   ⑨ 翠樾堂   ⑬ 五百罗汉殿（毁）
② 虎跑泉照壁   ⑥ 叠翠轩   ⑩ 滴翠轩   ⑭ 虎跑寺天王殿
③ 钟楼   ⑦ 大雄宝殿   ⑪ 桂花厅   ⑮ 大雄宝殿
④ 照壁   ⑧ 观音殿（毁）   ⑫ 虎跑厅   ⑯ 邱止亭（石构）

图 19　杭州虎跑（1）

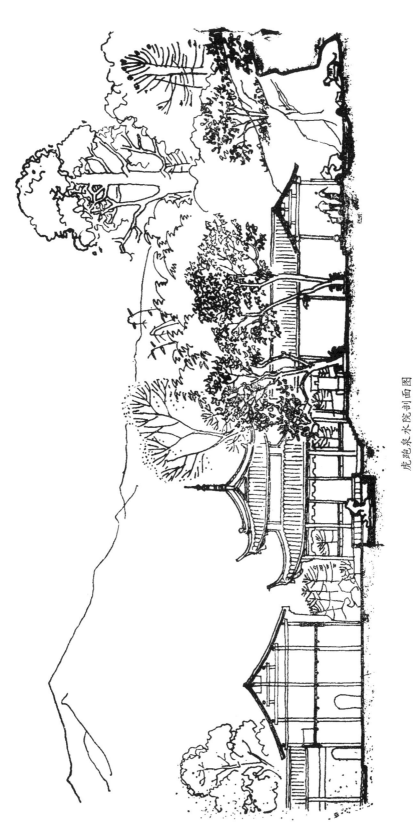

虎跑泉水院剖面图

图 19 杭州虎跑（2）

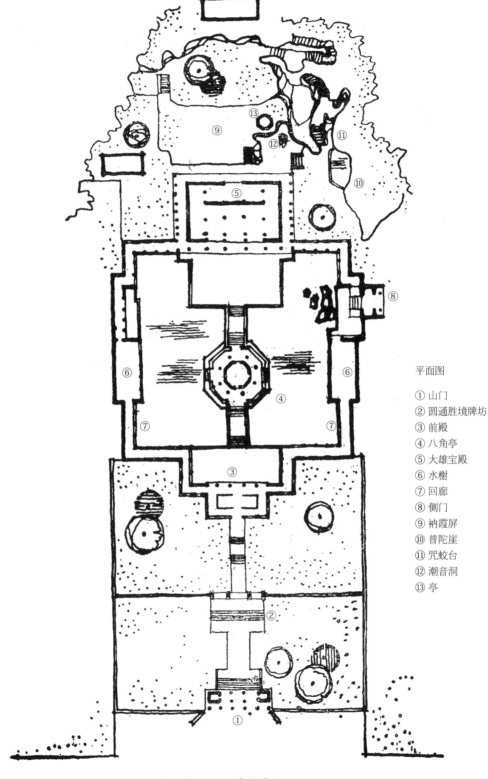

平面图

① 山门
② 圆通胜境牌坊
③ 前殿
④ 八角亭
⑤ 大雄宝殿
⑥ 水榭
⑦ 回廊
⑧ 侧门
⑨ 衲霞屏
⑩ 普陀崖
⑪ 咒蛟台
⑫ 潮音洞
⑬ 亭

图20　昆明圆通寺水院（1）

水院景观

水院中心的八角亭

图 20 昆明圆通寺水院（2）

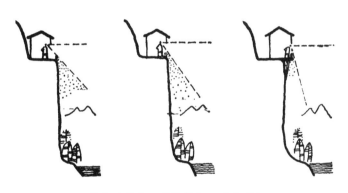

越占边悬空，越能俯视，凌空感好

采用夹景，视线向下集中，突出俯视

景观分散，重点不突出

图 21 绝壁悬崖构景的一些特点

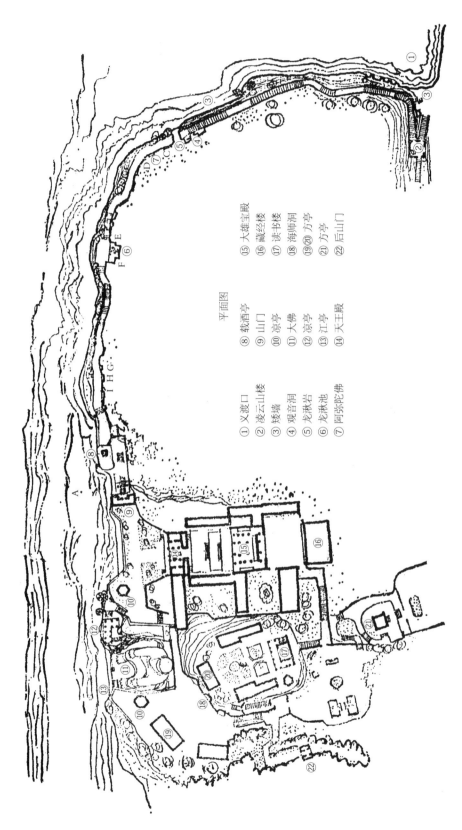

平面图

① 义渡口　⑧ 载酒亭　⑮ 大雄宝殿
② 凌云山楼　⑨ 山门　⑯ 藏经楼
③ 矮墙　⑩ 凉亭　⑰ 读书楼
④ 观音洞　⑪ 大佛　⑱ 海师洞
⑤ 龙湫岩　⑫ 凉亭　⑲⑳ 方亭
⑥ 龙湫池　⑬ 江亭　㉑ 方亭
⑦ 阿弥陀佛　⑭ 天王殿　㉒ 后山门

图 22　四川乐山大佛寺（1）

乐山大佛

寺中一处景观

图22　四川乐山大佛寺（2）

远眺景观

图22　四川乐山大佛寺（3）

（2）采用夹景，突出俯借

崖畔地势较高，有时为强调凌虚险危的气氛，常采用夹景手段来限制和削弱水平视野，突出俯视借景。

乐山乌尤寺巧妙地利用绝壁构景，在听涛轩前把崖畔的古木藤萝砍开一个缺口，形成夹景。把视线逼向崖脚江面，近景的树木古藤与江面点点帆影对比，近大远小，衬托出景色深远。在此瞰视江景，急流回旋，惊险万端，浪涛和墙橹之声时起时落，更加增添了景色高危缥缈的意境。在大佛寺的悬崖上观看江面，也是夹景的处理方法（图23）。

（3）不惜人工，巧创奇观

"山水之法，在乎随机应变"。虽然崖畔难以架屋立基，但因险景难得，易造成人间奇观，故寺庙园林环境中，往往不畏其难，舍夷求险，不拘成格，随机应变。当必要之时，常不惜人力，在悬崖上创造妙景奇观，以有限的人力而取得巧夺天工的效果。

山西浑源悬空寺，是绝壁上构景的奇观。寺建在北岳恒山的翠屏山的悬崖上，殿宇上倚危峰，下临深谷，攀崖附壁，殿宇楼阁间以栈道相连，玲珑剔透，参差错落，嵌在崖上，以巨木暗立内部挑梁架构，外观宛若"天宫楼阁"。此地虽少山水林木之胜，但扣住了环境特征，苦心经营，巧妙构思，创造了惊人奇景（图24）。

四川忠县石宝寨，亦是崖上十分奇妙瑰美的景观。石宝寨位于长江边玉印山上。山顶建有"天子殿"古道观。南面峭壁上，建筑了十二层巍峨的楼阁，重重叠叠，直插云霄。楼阁体态动人，形制奇巧，在峭壁若屏的石峰映衬下，成为长江上过往舟船观赏的佳景。阁内除第二层供有神像外，余下各层实际是楼梯间，故楼阁在外形上是点景构景的风景建筑，内部是上下山的唯一交通，各楼层尚可临窗观景，多种功能巧妙地糅合一体，甚为得体（图25）。

（五）洞穴

自然环境中的山崖洞穴，也是寺庙园林环境中常借以构景的风景地貌。洞穴为崖上地下的奇特的自然空间，视域最为窄狭，洞中幽暗清凉，与周围景色对比强烈，具有奇诡神秘的特色。

利用洞穴构成景观，关键在解决天然洞穴与建筑群体的关系。构景中常有计划地把天然的洞穴空间纳入游览线中，成为建筑和景观的有机组成。其处理方式略有几种（图26）：

（1）以道路相连

在寺庙园林环境中，借以构景的洞穴常以道路与主体寺庙建筑相连，把它纳入了风景游览线。洞口又常以人工雕塑点缀，成为景观标注，增加了神秘奥妙的气氛，引人好奇，导其入内。灵隐寺的"一线天""青林洞"前的石刻摩崖，均起着此作用。

辽宁千山的罗汉洞，在西阁建筑群后，洞在山崖之下，人工分为上下两层空间，从洞口处皆可观赏千山优美景色。游览道路穿过山洞，与西阁下之无量观相连，是利用洞穴构景，与道路、建筑群的关系较好的一例。

尔雅台景观

听涛轩处采用夹景手法俯借江景

图 23 四川乐山乌尤寺

图 24 山西浑源县悬空寺景观

图 25 四川忠县石宝寨景观

洞穴 建筑

独立两空间，以道路联系

 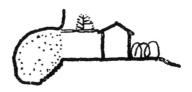

插入过渡空间，以墙院相联

建筑和洞穴空间融汇，两种空间相贯通

建筑空间嵌入洞穴空间

图 26 建筑空间与洞穴空间的几种关系

（2）插入过渡空间

洞穴离寺庙建筑近时，常以墙院相连，形成建筑与洞的过渡空间，洞穴空间与建筑空间有了较直接的联系，游人从建筑经院落再进入洞中，空间上有变化和过渡，游览程序也自然。

杭州紫云洞，是仅有几间僧房的小寺，寺侧崖下一洞，幽邃而神秘。洞口周以院墙，围以石栏，形成一院落与寺庙相连。洞呈葫芦形，两端皆有出口，中间有暗道沟通，石隙漏出一块块天空，微光从中漫入，洞中时明时暗，恍惚迷离。后洞深若厅堂，有泉穴于南壁下，构成洞内小景。崖壁上凿出佛像，设坛供佛，成为天然佛堂（图27）。

（3）与建筑空间贯通

在洞穴较小时，有时也将建筑直接贴于崖壁，把建筑空间和洞穴空间沟通相贯，洞中深幽莫测，增加了室内空间的变化和趣味。当洞穴大时，也常将整幢建筑纳入洞内，建筑和洞穴空间交相融混。洞内加以建筑处理，人巧和天工相结合，形成洞窟仙府的奇妙景观。

镇江金山寺法海洞，是借山崖上一个小崖洞构景。崖边有一道石级直通洞口，洞外接一间小殿，使洞穴空间和建筑空间浑然成为一体。

四川青城山朝阳洞，同样在洞穴外因势架屋，覆盖洞口，也是洞穴空间和建筑空间贯通之佳例（图28）。

自古闻名的雁荡山，峰峦、瀑布星罗棋布，大小崖洞更是神秘诡奇。合掌峰的观音洞是其中之一。其处远观为天然一洞府，近观殿宇隐于其内。洞中倚崖顺势，修筑十层殿阁，最上层是观音殿。崖穹石壁，紫黄壁纹，与殿阁色彩浑然。殿左石泉洒落，串串水珠，发出悦耳之声，是甚为难得的寺庙景观。

（六）综合地貌

有的寺庙规模大，范围广，地貌复杂，有山有水，有溪有谷，具备了丰富多彩的构景条件，可以综合利用各种地貌特征，开发出景色如画，变化万端的寺庙园林环境。

镇江金山、焦山，苏州的虎丘，都是综合利用多种地貌构景的佳例。

虎丘山势不高，地形起伏多变，有丘、阜、崖、壑、谷、泉、池、河等丰富地貌，风景甚为幽丽。史兼有吴王墓等古迹和传说，成为吴中一大胜地（图29）。

虎丘寺利用自然地貌特征，结合人文遗迹，构成许多风景优美的景观，体现出寺庙园林环境综合利用地貌构景的一些特点。

（1）充分结合地貌特征，划分功能和性质不同的景区

虎丘山的园林环境，结合风景地貌特征，按功能划分成四个性质和风格各不相同的景区。

第一景区是两丘间的山谷中的上山香道。沿途以两道山门和试剑石、憨憨泉、古贞娘墓等建筑小品和传说遗迹一路点景、引导。在山谷的低凹地势和幽深的林木掩映下，一方面酝酿了游兴，另一方面也起了反衬作用，增添了虎丘山的高度感。

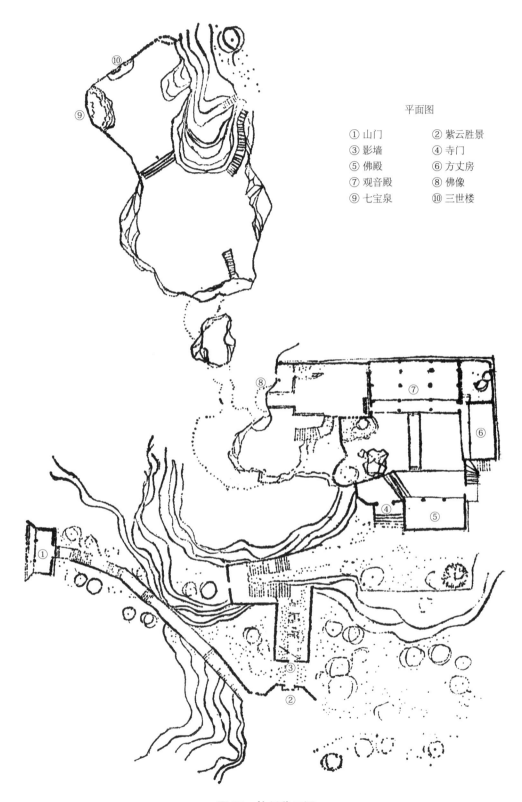

平面图

① 山门　　　② 紫云胜景
③ 影墙　　　④ 寺门
⑤ 佛殿　　　⑥ 方丈房
⑦ 观音殿　　⑧ 佛像
⑨ 七宝泉　　⑩ 三世楼

图 27　杭州紫云洞

剖面图

平面图

图 28　四川青城山朝阳洞（1）

洞外景观

图 28　四川青城山朝阳洞（2）

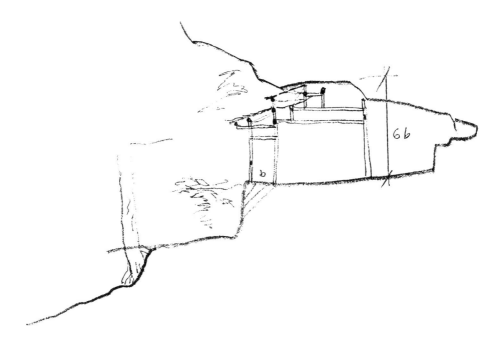

步测剖面

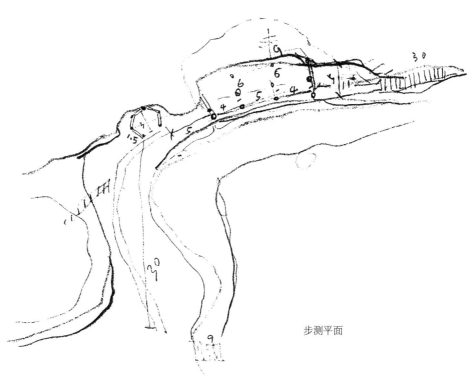

步测平面

图 28　四川青城山朝阳洞（3）

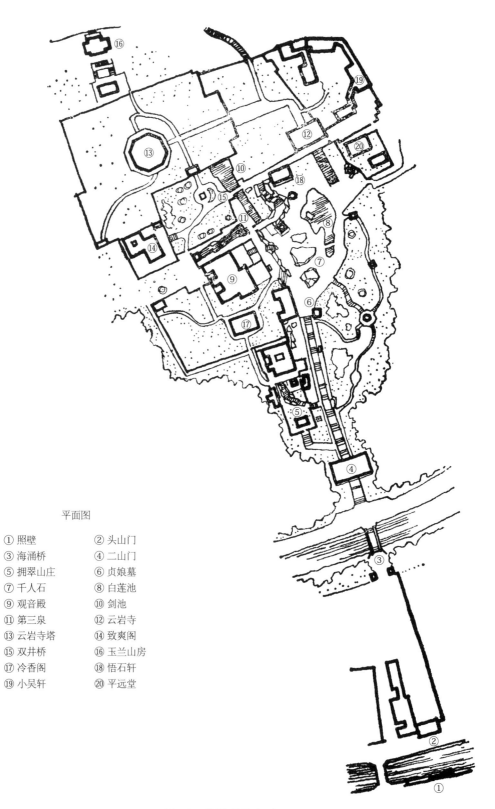

平面图

① 照壁　　　② 头山门
③ 海涌桥　　④ 二山门
⑤ 拥翠山庄　⑥ 贞娘墓
⑦ 千人石　　⑧ 白莲池
⑨ 观音殿　　⑩ 剑池
⑪ 第三泉　　⑫ 云岩寺
⑬ 云岩寺塔　⑭ 致爽阁
⑮ 双井桥　　⑯ 玉兰山房
⑰ 冷香阁　　⑱ 悟石轩
⑲ 小吴轩　　⑳ 平远堂

图 29　苏州虎丘（1）

山道上景观

拥翠山庄景观

图 29 苏州虎丘（2）

千人石广场景观

虎丘云岩寺塔

图 29　苏州虎丘（3）

　　第二景区以千人石广场为中心，包括剑池、白莲池、华铁崖等组成的丰富多彩的游览中心。千人石广场空间旷阔，便于集聚人流，再疏散到各景区，成为交通枢纽。广场周围景观丰富，地貌复杂，泉池穿插，沟壑纵横，构景条件最佳。围绕广场的莲池、剑池、天下"第三名泉"等都是动观游览的优美风景点，故作为全山风景高潮。

　　第三景区是西面山上的建筑群。这里地势高而缓，借景条件好，又离风景高潮很近，可作为千人石广场的衬景，故布置以楼台亭阁组成的院落和庭园，作为静观为主的观赏区。这里楼台殿阁参差错落，山上有致爽阁，明旷爽朗，可远眺狮山风景。山麓筑有拥翠山庄，以自然山脉为骨架缀以湖石，连以廊房，自成一个景色秀美的小园。

　　第四景区为东山和后山。这里林木繁茂，幽静隐秘，远离风景游览高潮，布置了佛殿、玉兰山房、小吴轩等佛寺建筑和幽雅清静的小院，供游人憩息事佛。

　　此四个不同性质的景区，功能十分明晰，组合关系也十分得当，构成了可行、可望、可游、可居的浩大的园林环境。

　　（2）确立景观构图中心，控制整个群体构图

　　虎丘山高峰上建虎丘塔（云岩寺塔），成为整个群体的构图重心，也成为虎丘风景区的标志。在景区外围，成为视觉的吸引点，控制了虎丘周围环境的风光。在虎丘山内，虎丘塔从不同角度、高度、在不同的位置上参与各景点的构图，平衡和统一景观的画面。

　　（3）重视道路和景观的立体设计

　　虎丘的四个景区分别布置在不同高差的平面上，景观之间的因借关系是立体的。景观之间，有仰有俯，有远有近，高低错落，参差有致，体现了山水画中高远、平远、深远的立体山水设计。风景区内的道路有主有次，有高有低，有分有合，在景区内上

下穿插回环，组成从不同角度、高度和方向观赏风景的游览线，尤其在剑池处，布置了"别有洞天"、双井桥等三层高低不同的立体交叉道路，既使上下人流各不干扰，又取得了丰富多变的景观和空间效果（图30）。

上述几种风景地貌，各具所长，各有其妙，互相之间常交织穿插，互有联系，互为补充，共同在构景中发挥作用（图31）。

在寺庙园林环境中，正是充分地利用和结合各种地貌，发扬风景特征的优势，以传统的园林和建筑手法，对寺庙的建筑和环境空间进行园林化处理，创造出了瑰奇多姿的园林景色。

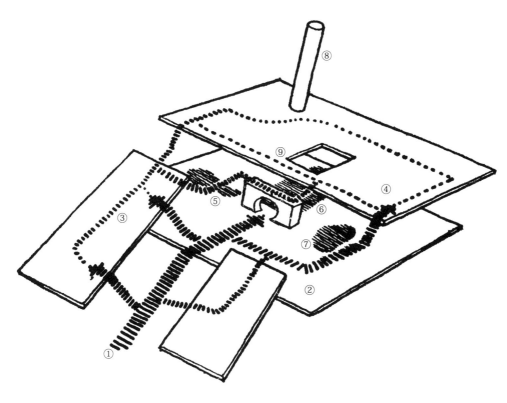

平面图

① 在山谷中的香道（景区序幕）　② 千人石景区（风景中心）
③ 西山建筑和庭院景区　　　　　④ 东山后山风景区
⑤ 第三泉　　　　　　　　　　　⑥ 剑池
⑦ 白莲池　　　　　　　　　　　⑧ 虎丘塔（构图中心）
⑨ 双井桥

图 30　虎丘的景区和道路的立体布局示意图

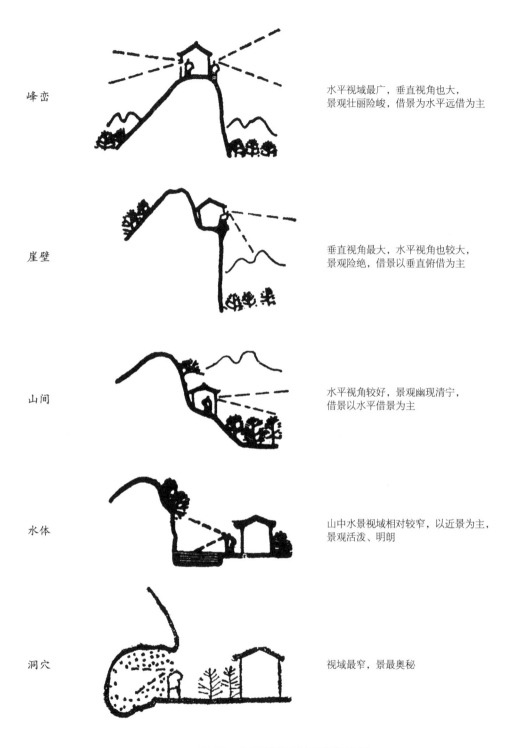

峰峦　　水平视域最广，垂直视角也大，
景观壮丽险峻，借景为水平远借为主

崖壁　　垂直视角最大，水平视角也较大，
景观险绝，借景以垂直俯借为主

山间　　水平视角较好，景观幽现清宁，
借景以水平借景为主

水体　　山中水景视域相对较窄，以近景为主，
景观活泼、明朗

洞穴　　视域最窄，景最奥秘

图 31　各风景地貌特征比较示意

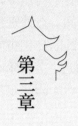

第三章

寺庙建筑和环境的
空间园林化

为了提供游乐和观赏空间以满足旅游功能的需要，在寺庙周围的自然环境中，以园林构景手段和建筑处理手法，改变了自然环境空间的散乱无章状态，加工剪辑了自然景观，使环境空间上升为园林空间。在建筑组群布局上，破除中轴对称、严谨庄重的宗教建筑格局，采取了自由灵活的园林化布局。在建筑空间上，打破了宗教空间的森严沉闷与冷漠，增强了空间的渗透、连续和流动，用园林构景要素点缀内外空间，把宗教空间变成开朗活泼，生趣盎然的园林观赏空间，从而达到了寺庙建筑和环境空间的园林化。

第一节
寺庙园林环境的空间

寺庙的园林化，是宗教世俗化的产物，是世俗享乐生活渗入宗教苦行生活，宗教气氛被人间情趣淡化的结果。在建筑上，核心问题是解决世俗的旅游功能和宗教功能的矛盾，使神秘阴森的宗教空间，转化为活泼明朗的园林空间。对园林化的寺庙建筑和环境空间的功能、构成、特征和组合关系进行剖析，才能深入地认识寺庙建筑园林化的问题。

（一）几种空间及特征

首先，我们对几种性质不同的空间加以比较，研究它们之间的内在关系（图32、图33）。

（1）宗教空间：即供奉偶像和进行宗教礼仪活动的空间。其建筑个体空间，妙在相对独立、规整单一和封闭静止的形态，以适应事佛修道的静态的宗教活动，为信徒提供"收敛心神"的精神清修场地。宗教空间常采用宫廷式的基本格局，以显示神权的至高无上。布局特点是重点突出，等级森严，对称规整。以程式化的刻板布局方式，表现出宗教神秘和压抑的气氛。

（2）自然环境空间：经建筑和园林手段开发的自然空间，为园林艺术提供构景的山水骨架和优美的景观素材，有明朗清幽、自然质朴的特点，但景观和空间往往显得散乱无章。

（3）园林环境空间：游览观赏活动的空间，常结合景观，采用自由灵活、曲折幽深、层次丰富的空间布局，以渗透、连续和流动的空间形态，给人亲切开朗，活泼欢快的感受。

（4）寺庙园林环境空间：其实质是宗教空间和自然环境空间向园林空间的转化。为了满足宗教和旅游的双重需要，寺庙园林环境的空间布局，在尽力确保主殿的显赫地位，尽可能维持中轴对称的程式布局的前提下，结合不同地形和景观条件，灵活地调整宗教和旅游功能的关系。吸取了世俗园林和庭园式民居的布局特色，打破了沉闷封闭、孤立和单一的寺庙建筑空间形态。在构景上，除了采用亭、廊、桥和楼阁等园林建筑形式外，还以塔、经幢、摩崖造像、宗教圣迹、放生池等宗教小品点缀景观，并把构景范围从寺院中扩展到寺外的自然环境中，造成了寺庙特有的园林环境气氛。

寺庙园林环境空间，由宗教空间、寺内园林环境空间和寺外园林环境空间组成。寺外园林环境空间包括园林化了的寺前香道和寺庙周围的自然环境空间。各空间之间，以院墙、建筑墙面、游廊等为界面，以不同的组合方式，形成千变万化的寺庙园林环境的空间。

（二）寺庙园林环境空间组合方式

寺庙园林环境有两种类型。其一，庙宇外面是建筑环境的城市型；另一种，寺外是自然山林或园林环境的山林型。它们的空间组合有联接、渗透、分割和融合等方式（图34～图39）。

空间的联接，常见于地势宽阔平坦之地。这种组合完全保证了宗教空间的基本格局。园林空间和宗教空间各自独立，功能互不干扰。

空间的渗透，是把界面变为通透的廊或漏花墙，使园林空间的景色渗透入宗教空间，淡化其宗教气氛，取得园林化的效果。

空间的分割，以界面插入各空间，分成若干小空间单元，基本保持了宗教空间的轴线和序列。在每个空间单元的庭院中，点缀绿化和园林小品。这样，既取得了丰富多变的空间和景观效果，又适应起伏变化的地形。

空间的融合，在地势复杂陡峭、风景条件优越之地，宗教空间的基本格局无法维持时，完全打破了轴线布局方式，空间界面消失，建筑随山势自由散点布局，完全融入自然中，寺庙建筑的功能退居次位，实际成为景观建筑，美化了自然环境，使其转化成为园林环境。

寺庙在地形多变，景貌丰富，兼有多种地形特色之地，还常采用综合的组合方式，把寺庙的建筑和环境空间布置得丰富多彩，成为宗教的园林胜境。

第二节

寺庙建筑群体布局的园林化

建筑群体布局园林化，是寺庙建筑园林化的重要措施。寺庙园林环境的空间以各种组合方式，创造出了千变万化的、自由曲折的园林化布局，归纳起来，其群体布局的方式有以下几种（图40）。

（一）院落式

院落式布局，实质是寺院旁贴上一园林、既保持了宗教空间的格局和独立完整，又满足了旅游功能的要求。空间之间常以通透的处理来加强宗教空间园林化的效果；在园林构景上，多与宅园相类似。

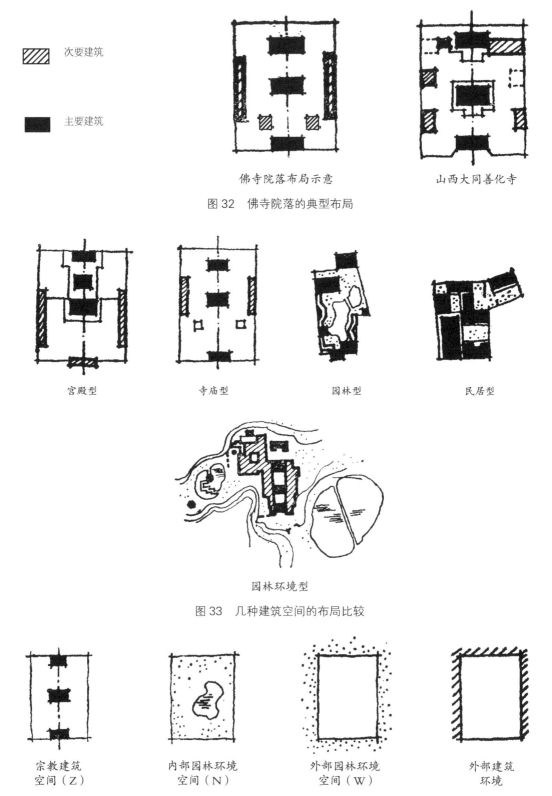

图 32　佛寺院落的典型布局

图 33　几种建筑空间的布局比较

图 34　几种空间示意

	Z (GZ、SZ)	连接	渗透	分割	融合	综合
城市型 G	寺外为城市环境的（GZN）	成都文殊院 苏州戒幢寺 ①地形地址开阔 ②保持宗教空间基本格局 ③宗教与园林空间相对独立	苏州寒山寺 ①空间界面漏透 ②园林空间渗入	成都武侯祠 ①空间被分割为功能差异的多个单元 ②以界面分割穿插		
山林型 S（寺外为山林或园林环境）	外部为山林环境的（SZN）	扬州大明寺 ①位于地势缓平开阔山地 ②保持宗教空间格局 ③宗教与园林空间独立	昆明太华寺 ①空间界面漏透 ②园林空间渗入 ③保持宗教空间格局	灌县伏龙观 峨眉洪椿坪 昆明华亭寺 峨眉报国寺 雅安金凤寺 昆明曹溪寺 ①地形起伏较大、高差大 ②以界面分割为独立的小单元 ③基本维持宗教空间的轴线和序列		
	外部为园林环境的（SZW）	杭州灵隐寺 苏州灵岩寺 ①外部空间园林化 ②宗教空间独立，基本格局不变	杭州黄龙洞 ①空间界面漏透 ②园林空间渗入 ③宗教空间格局不变	青城山天师洞 乐山大佛寺 乌尤寺 灌县二王庙 ①地形起伏大，②外部环境空间园林化 ③宗教空间的基本序列不变	昆明西山龙门 ①地形复杂、景观条件好 ②空间界面消失 ③旅游功能为主	镇江焦山寺 ①地貌丰富 ②空间布局多样

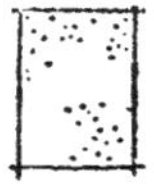

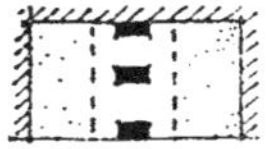

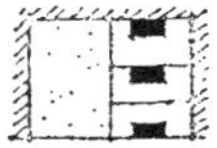

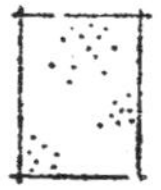

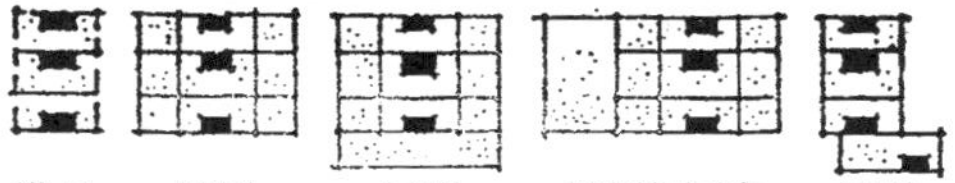

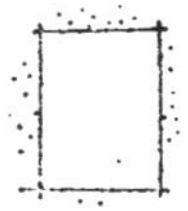

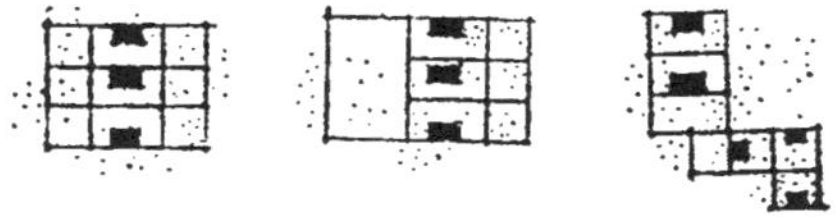

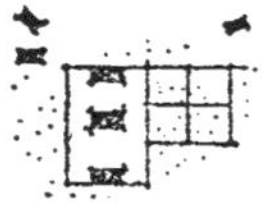

图35 寺庙园林环境空间组合的主要方式

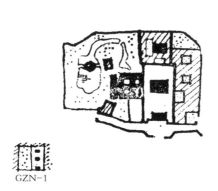

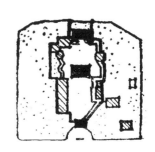

GZN-1

GZN-2

苏州归元寺（西园）

苏州寒山寺

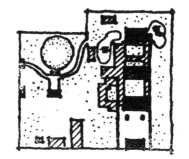

GZN-3

成都文殊院

GZN-4

成都武侯祠

图 36 城市型组合

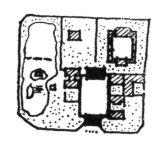

SZN-1

SZN-2

扬州大明寺（平山堂）

昆明西山太华寺

图 37 山林型组合（1）

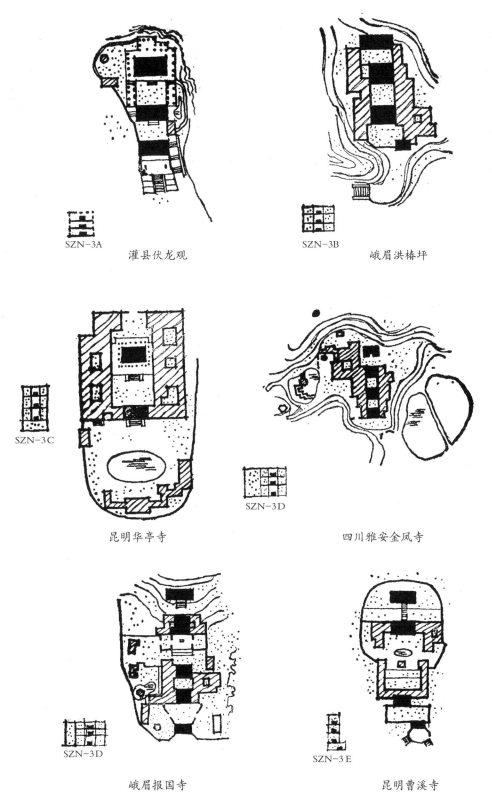

SZN-3A　　灌县伏龙观

SZN-3B　　峨眉洪椿坪

SZN-3C　　昆明华亭寺

四川雅安金凤寺　　SZN-3D

SZN-3D　　峨眉报国寺

SZN-3E　　昆明曹溪寺

图 37　山林型组合（2）

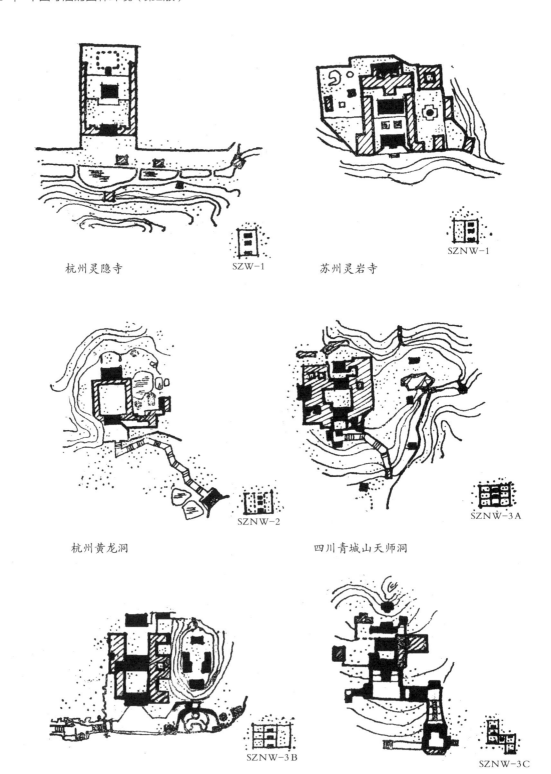

杭州灵隐寺　　　　　　SZW-1　　　苏州灵岩寺　　　　　　SZNW-1

杭州黄龙洞　　　　　　SZNW-2　　　四川青城山天师洞　　　SZNW-3A

四川乐山大佛寺　　　　SZNW-3B　　　灌县二王庙　　　　　SZNW-3C

图38　寺外有园林环境的组合（1）

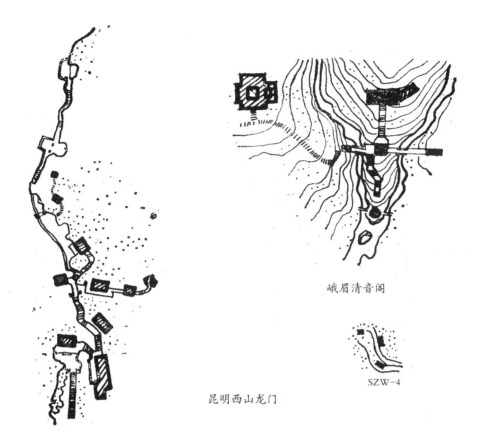

峨眉清音阁

SZW-4

昆明西山龙门

图 38 寺外有园林环境的组合（2）

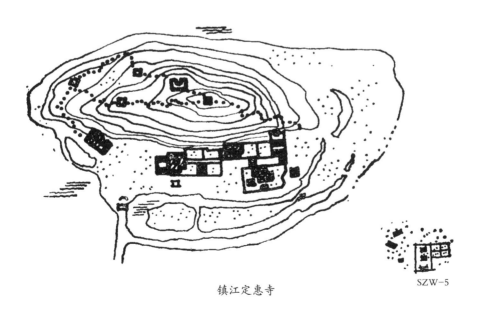

镇江定惠寺

SZW-5

图 39 综合性的组合

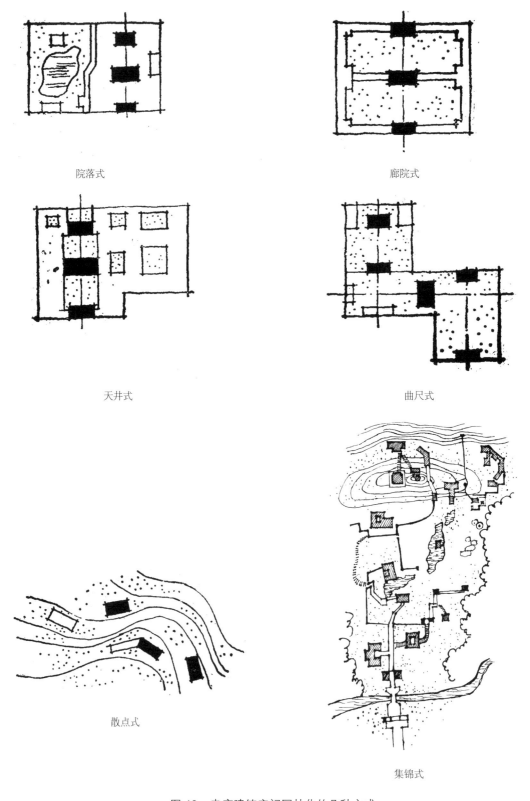

院落式

廊院式

天井式

曲尺式

散点式

集锦式

图 40　寺庙建筑空间园林化的几种方式

（二）廊院式

廊院式布局，首先保证了宗教空间的格局，以主殿为核心，在佛殿和主要建筑间以回廊和花墙联接、穿插，形成一个个廊院空间。在院内以山池佳木构成园林景观。并使宗教空间和园林空间渗透融合，造成空间上和景观上的千变万化。从而既保持了宗教建筑的气势，又呈现出轻快明朗的园林气氛。昆明太华寺和圆通寺，都是这种布局的典型。

太华寺三大殿依山顺势，布置在组群的中轴上，保持了严谨对称的格局，两厢配以辅助建筑，渐渐地从对称过渡到不对称的自由布局。建筑之间连以曲折回廊，转折处建亭榭，作为构景的重点，和寺庙殿宇楼阁交相辉映，互为因借。在廊院中利用各种自然条件，略施人工点染，形成主题各异的景观。西院山池水景，廊榭掩映，倒影流丹，景色迷人；东院从长廊借景滇池，浩淼湖山间风帆飘动，宛若图画。廊院内又以花墙分隔，置以花木庭石，隔院楼台，影影绰绰，蕉影幽篁，窈窕多姿，大有江南园林之美。

各廊院的空间和景色互相渗透贯通，游人于回廊庭径之中，左顾右盼，皆有美景，与其说身居寺庙，不如说游玩名园之内（图41）。

（三）天井式

天井式的布局，吸取园林和民居的庭院布局特点，以若干小空间单元来适应复杂的地形。虽然牺牲了宗教空间独立完整的格局，但仍保持了主殿为核心的中轴线。天井与建筑交织，加强了采光通风，又使空间层次富于变化，造成含蓄幽深、静谧亲切的气氛。典雅的景观，透过一层层庭院天井，大有"庭院深深深几许"的意境。

青城山天师洞的山门、三清殿和皇帝殿布置在中轴线上，作为组群空间布局的核心。大小十多个天井和曲折环绕的外廊，随着地形高低错落，围绕着三清殿前的核心院落，把殿宇楼阁连成一片。建筑空间和景观的变化，道路的穿插起伏，光影明暗的对比，加上天井中的古木奇花，廊柱上的楹联石刻、充满了诗情画意（图42）。

杭州虎跑的群体空间布局，是与自然水系结合的天井式布局的佳例。组群里轴线几乎垂直的定慧寺和虎跑寺两组建筑群，巧妙地以三个水系、大小十多个泉池，被建筑围合成情趣不同、景色各异的天井水院，风景十分素雅清新（图43）。

镇江焦山寺庭院天井分区集中，与宗教空间分离，自成一景区，建筑间疏密相间地插入有分有合的庭园空间。园内园外，秀丽多姿，香径回合，曲折蜿蜒，宛然一座掩映于丛林翠竹中的"城市山林"（图44）。

天井式布局佳例，不胜枚举。除上述例子外，南通狼山寺院也是相当不错的（图45、图46）。

（四）曲尺式

当寺庙建筑空间受地形条件局限，不能维持一条平直的中轴线时，常以转折的轴线来保持宗教建筑的基本序列，建筑空间曲尺式的展开，在转折点以新异的景观吸引和诱导，层层递进、引向群体空间的高潮。这种曲尺式布局，又以各种对比手法来加强曲折变化，以达到曲折幽邃、节奏强烈、活泼有趣的园林空间效果。

太华寺廊院景观

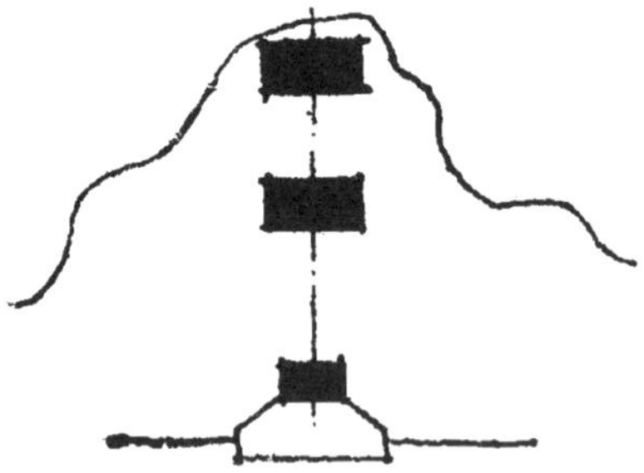

保持三大殿基本格局

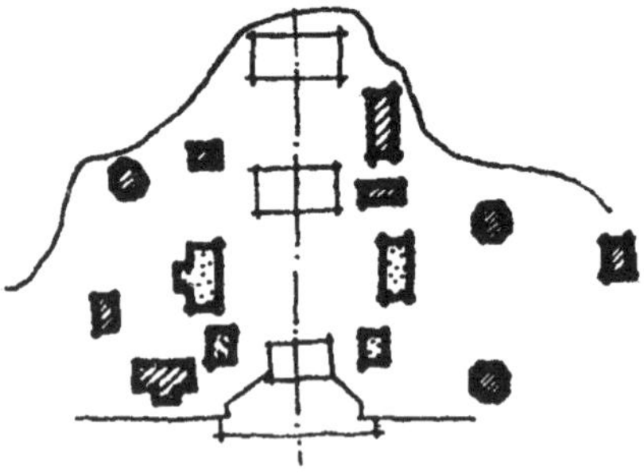

对称向不对称过渡

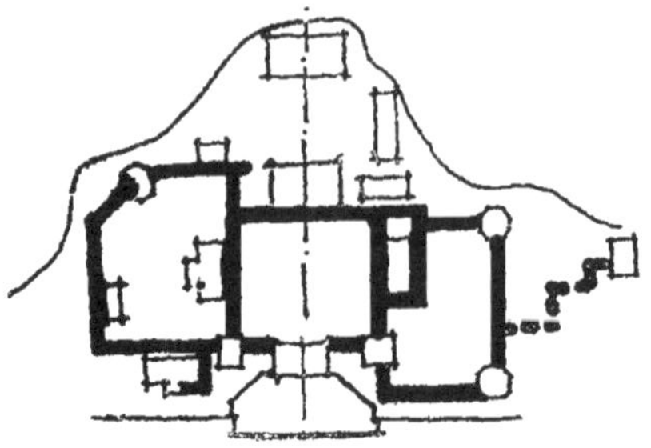

以廊分割空间

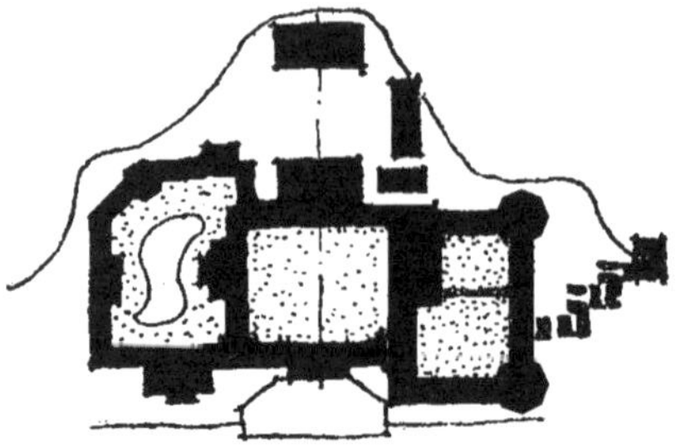

形成多个廊院

图 41　昆明太华寺空间布局

天师洞平面图

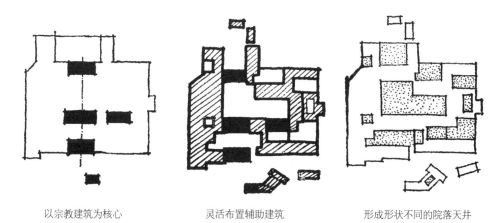

以宗教建筑为核心　　　　灵活布置辅助建筑　　　　形成形状不同的院落天井

图 42　青城山天师洞天井布局

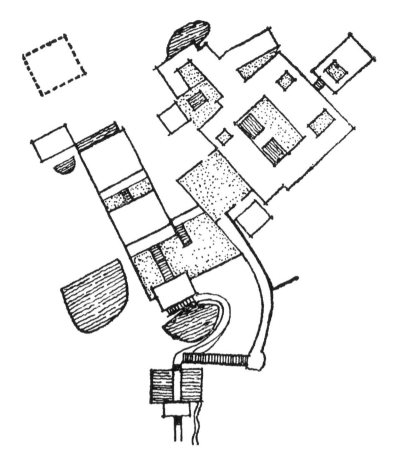

图 43　杭州虎跑的天井布局

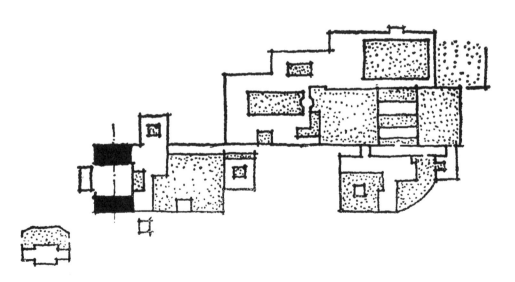

天井布局

图 44　镇江焦山寺（1）

平面图

① 码头
② 山门
③ 海不扬波
④ 定慧寺
⑤ 大殿
⑥ 藏经楼旧址
⑦ 方丈室
⑧ 碑亭
⑨ 墨宝轩
⑩ 观音阁
⑪ 瘗鹤亭
⑫ 碑亭
⑬ 花圃
⑭ 吸江亭
⑮ 别峰仙馆
⑯ 百寿亭
⑰ 焦口洞
⑱ 壮观亭
⑲ 华严阁

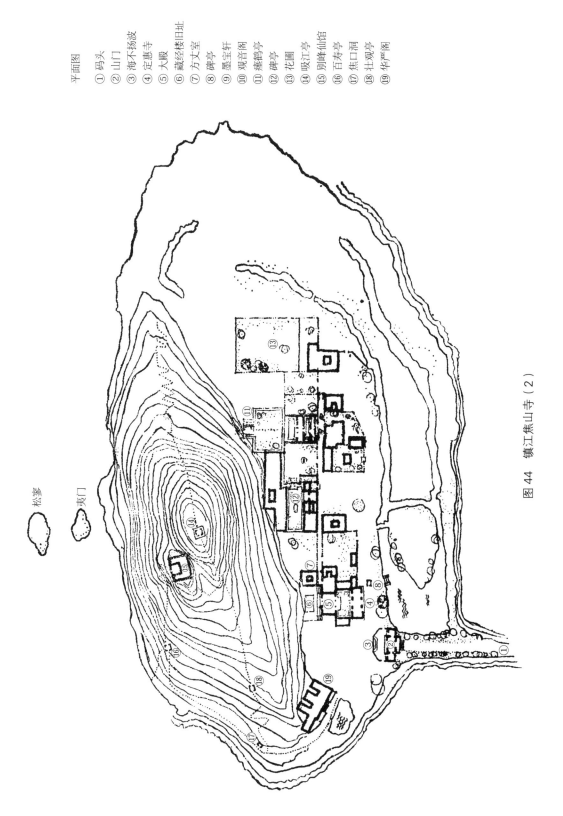

松寥

夷门

图 44 镇江焦山寺（2）

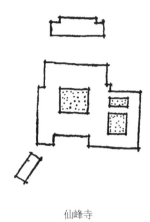

仙峰寺

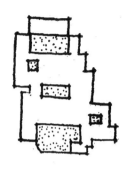

洪椿坪

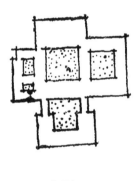

伏虎寺

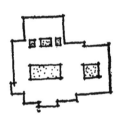

纯阳殿

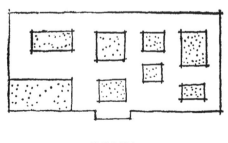

清城上清宫

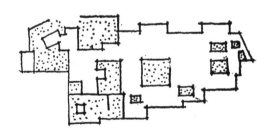

南通狼山寺院

图 45　天井式空间布局实例

焦山观音洞庭院景观

焦山瘗鹤亭景观

图 46　寺庙的庭院、天井景观（1）

平面图

南通狼山寺"水云深处"的景观

峨眉报国寺庭院景观

图 46　寺庙的庭院、天井景观（2）

四川灌县（现为都江堰市）二王庙，是曲尺式布局的佳作。寺庙座落在陡急的山坡上，建筑组群依山顺势沿几次转折的轴线布置，形成蜿蜒起伏、主次分明的空间序列（图47）。

二王庙的头山门——花鼓楼，在第进院落内，矗立在石阶上，成为院落空间的构景中心。穿过楼门，后面长长的石阶和喇叭形向上收束的空间，把视线引向玲珑剔透的观澜亭，亭和门楼成A轴上对景，亭下石墙上镶着李冰治水的方针，与人视线相平，提供了景观细部的观赏。

轴线在亭前转折向左，灵官楼在院墙圈成的空间内，又成视线的吸引中心。空间在楼前略为舒展，两边亭台绿化作为景观陪衬，甚为有趣。B轴穿越灵官楼，对面的牌门是视线的收束和楼的对景。

B轴和C轴交汇处，空间扩展为一较大的广场。游人由高高石级上的雄秀的楼门，引向主体空间。主殿——李冰殿，被厢房、戏楼、长廊、漏花墙环绕，形成主体院落，再点缀花池假山，碑塔石刻，把群体的高潮烘衬得更为热闹。C轴最高处，以老君殿作为组群的结束。主轴在二郎殿前又分出两支，成为空间和景观的延伸。

整个转折和空间序列中，每一转折都有起景、收景和中心景观，循序渐进，启承转合，引人入胜。空间上又以明暗、大小、高低、开合，陡斜和平直等强烈的对比，取得层次明晰、重心突出的空间效果。整个群体曲折重叠地隐现在玉垒山麓浓荫中，好像朦胧缥缈的琼楼仙山（图48~图51）。

（五）散点式

散点式布局，处于地形变化急剧，风景又十分佳丽之地，在此特定的条件下，完全突破陈规，大胆牺牲宗教空间序列和格局，因地制宜，景到随机，以散点灵活的布局，体现了园林中"构园无格"、贵在不羁的特色。这既适应了地形，又充分利用风景面，完全发挥了建筑的构景作用。建筑投入自然环境的怀抱，神秘阴森的宗教气氛一扫而尽。

昆明西山三清阁建筑群，散布在滇池畔的险峻峭壁上。玉宇凌空，石磴盘旋，攀崖附壁，占尽湖光山色。最高建筑离水面三百多米，"仰笑宛离天五尺，凭临恰似水中央"，景象十分险奇（图52、图53）。

依山傍势，朝向风景面，是龙门建筑群体布局的特点之一。由于群体无法在悬崖上再维持对称轴式的布局，从而放弃宗教建筑追求的气势和气氛，突出了建筑的旅游功能。群体中，除灵官楼正对入口，所有建筑都结合山势，背依危崖，面向滇池，灵活布局，最充分地借取了湖光水影。

建筑据守路口，成为道路上下的对景，是布局的另一特点。建筑和山路结合，充分发挥其景观作用，加上道路曲折高下，游人在一时一地只能看见前后两建筑，其余的或藏于岩下，或在虚空，露出只鳞片爪，景观随山路层层展开，免去一览无余之弊，增长游人兴致。

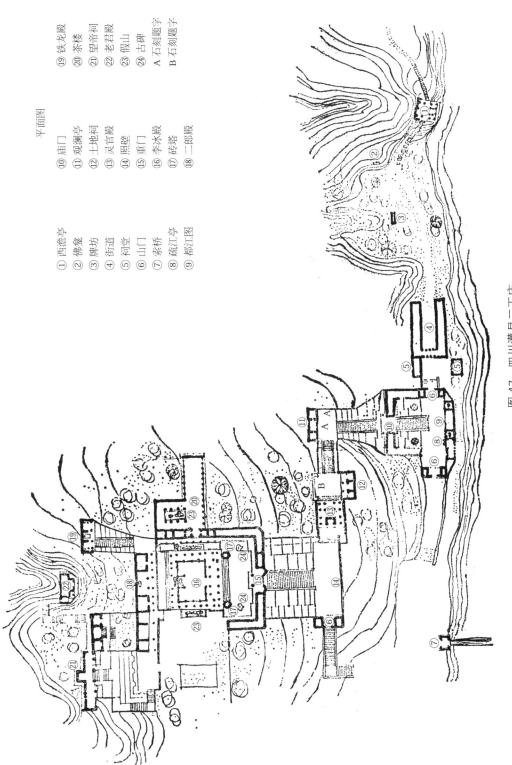

平面图

① 西瞻亭
② 佛龛
③ 牌坊
④ 街道
⑤ 祠堂
⑥ 山门
⑦ 素桥
⑧ 疏江亭
⑨ 都江图

⑩ 庙门
⑪ 观澜亭
⑫ 土地祠
⑬ 灵官殿
⑭ 照壁
⑮ 重门
⑯ 李冰殿
⑰ 砖塔
⑱ 二郎殿

⑲ 铁龙殿
⑳ 茶楼
㉑ 望帝祠
㉒ 老君殿
㉓ 假山
㉔ 古碑
A 石刻题字
B 石刻题字

图 47 四川灌县二王庙

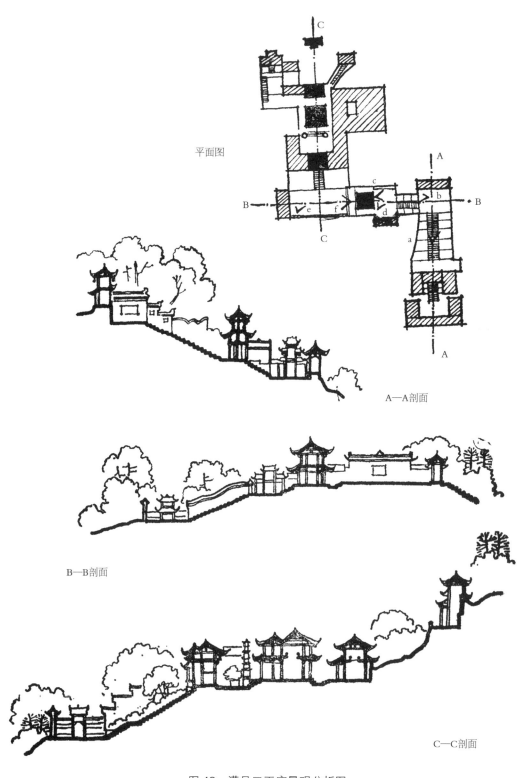

平面图

A—A剖面

B—B剖面

C—C剖面

图 48 灌县二王庙景观分析图

a 视点看观澜亭

b 视点看灵官楼

图 49　灌县二王庙景观（1）

c 视点回头看观澜亭

d 视点看墙边花坛

图 49　灌县二王庙景观（2）

e 视点看二王庙楼门

f视点景观

图49 灌县二王庙景观（3）

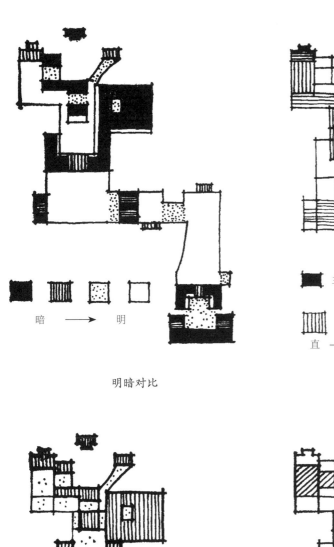

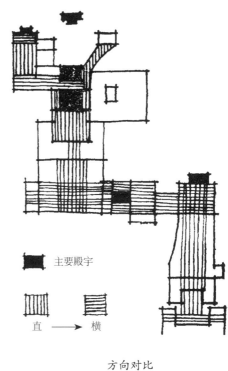

■ 主要殿宇	

直 ━━→ 横

方向对比

明暗对比

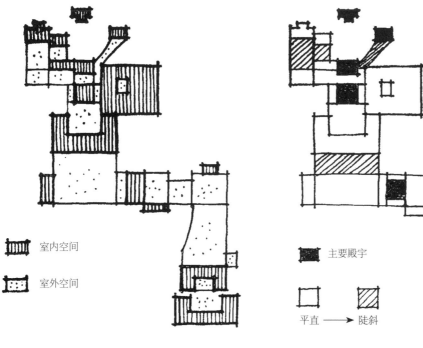

形状大小对比

平直陡斜对比

图 50　灌县二王庙空间对比示意

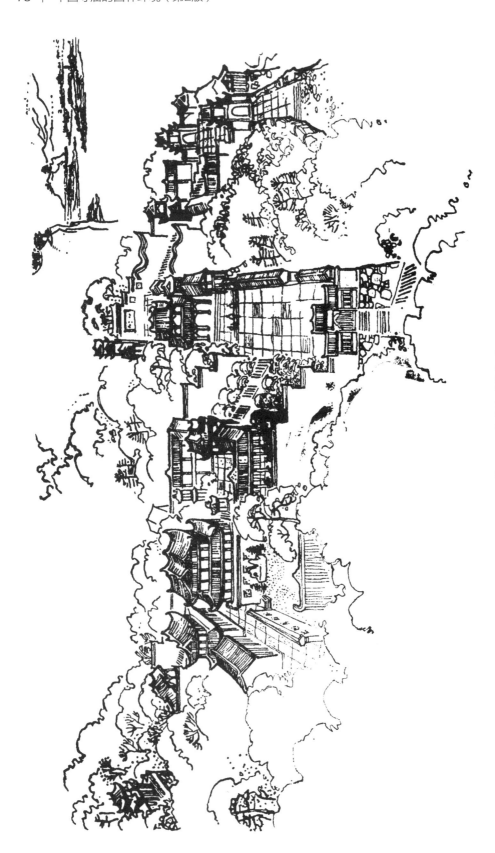

图 51　灌县二王庙建筑群体鸟瞰

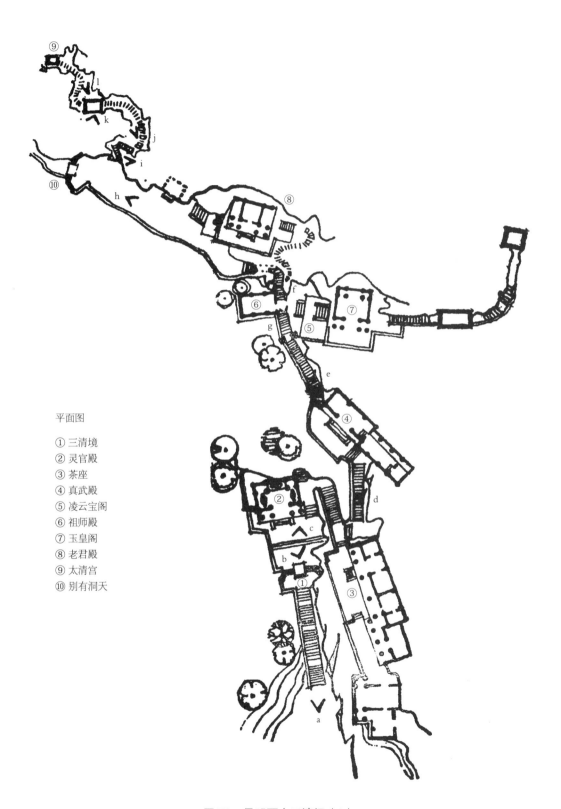

平面图

① 三清境
② 灵官殿
③ 茶座
④ 真武殿
⑤ 凌云宝阁
⑥ 祖师殿
⑦ 玉皇阁
⑧ 老君殿
⑨ 太清宫
⑩ 别有洞天

图 52　昆明西山三清阁（1）

建筑轴线自由布局，大部建筑朝向风景面

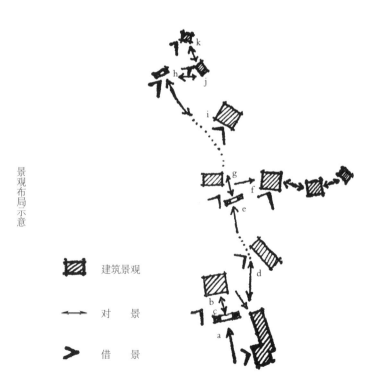

景观布局示意

　　　建筑景观

←→　　对　　景

＞　　　借　　景

图52　昆明西山三清阁（2）

a 视点景观——山门

b 视点景观——灵官殿

c 从灵官殿回头看山门

d 点景观——真武殿

图 53　昆明西山三清阁景观序列（1）

e 视点景观——凌云宝阁

f 视点景观——玉皇阁

g 点景观——道路穿过山洞

h 点景观

图 53　昆明西山三清阁景观序列（2）

i点景观——老君殿

j点景观

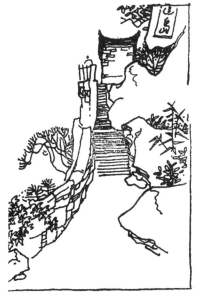

k点景观——太清宫

l点俯视滇池风光

图53 昆明西山三清阁景观序列（3）

山门原始速写

灵官门原始速写

太清宫景观

太清宫前蓬岛石刻景观

图 53　昆明西山三清阁景观序列（4）

（六）集锦式

集锦式布局，同时采用了几种布局，兼蓄并收地综合了它们的特点。如苏州虎丘、镇江金山等，景观和空间都处理得十分丰富。

从上述方式，我们可以看到，寺庙园林化的群体布局，在不同的地形和风景条件下，灵活大胆地牺牲宗教本身所要求的格局和气派，成功地协调了建筑和自然环境、宗教功能和旅游功能的关系。

首先是在尽可能的条件下，确保宗教建筑的基本布局和相对的独立。在受地形限制不能保证其独立完整的布局时，灵活分割空间，用相对独立的空间单元来适应地形，保持中轴线的严谨布局。当难以维持一条平直的轴线时，以转折的轴线来保持宗教建筑的基本序列。在地形变化很大的地方，干脆放弃了轴线和宗教建筑的程式化的序列，以散点的布局与自然环境相融合。以此种种手法，从寺庙建筑群体布局上，从总体战略的角度上解决园林化的问题。

第三节

寺庙个体建筑空间的园林化

寺庙个体建筑空间园林化的关键，在于吸收园林建筑中开敞、渗透、连续和流动的空间处理手法，来打破宗教个体空间的阴森、封闭和孤立的静态空间，取得室内外空间和景色的交流，加强了建筑空间的园林化效果。

（一）增加空间的流动和连续

宗教建筑的空间，相对孤立、静止和单一，适应以静为主的宗教活动。而观赏游乐活动是以动为主，动静结合，所要求园林建筑的空间是连续流动的。园林化的寺庙建筑空间，破除了宗教建筑空间的孤立清静，取得了空间流动和连续的效果。

（1）加强空间的联系

寺庙园林环境中，常以游廊、围墙、天井、庭院作为一个个独立、分散的个体空间的纽带，把它们串在一起，以此加强其间的过渡和联系，造成了空间的连续（图54）。

昆明圆通寺一进寺门，是两个院墙围合的纵向院落空间，两空间以华丽的石雕牌坊相联接。院落后是向外通透的开敞殿，与院落空间既分又连。敞殿后是水院，周围回廊环抱，把敞殿、水榭和大殿连了起来。游人进门后，由一幢建筑转到另一建筑，由一空间进入另一空间，过渡十分自然（图55）。

（2）加强空间的动感

空间的动感和人流运动的方向和视线的运动有直接的关系。寺庙园林环境中，常使人流随建筑空间的转折而改变行进方向，再加上景观对视线的吸引诱导，引起视线按景观的展开而流动，从而使人产生了空间的流动感，打破了空间的静态。灌县二王庙，正是以曲折的空间布局，不断地以各种强烈的对比手法，突出了方向的变化，取得了很强的动感（见前面灌县二王庙分析图）。

　　昆明曹溪寺入口的处理也很有趣。游人从曲折的山路到来，进入偏居一侧的山门，门后一横向小院，改变了行进方向，转过前殿，正面高高的花台，把游人逼向西边爬山廊。这样几经转折，给人变化多样的空间动感（图56）。

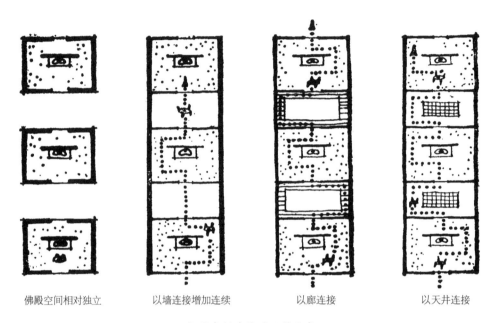

佛殿空间相对独立　　以墙连接增加连续　　以廊连接　　以天井连接

加强空间连续的几种方式

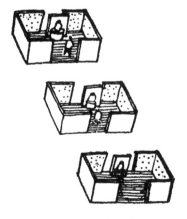

相对独立的佛殿空间

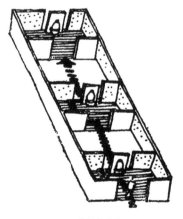

连续的空间

两种空间的比较

图 54　加强空间的联系

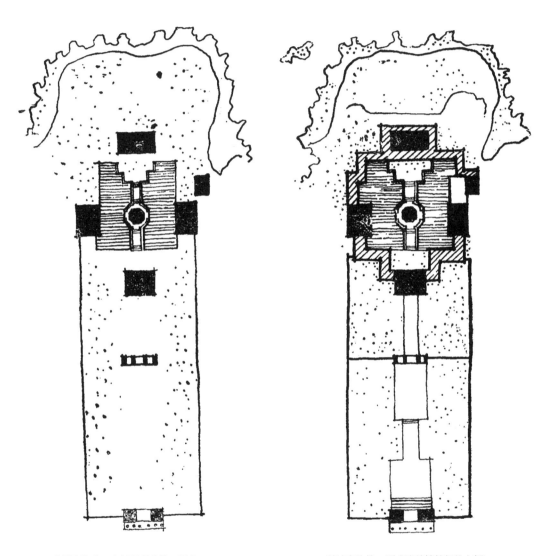

若无连接体，空间显得分散、孤立　　　　　　以墙廊连接，形成连续性较好的空间

图 55　昆明圆通寺空间连续的处理

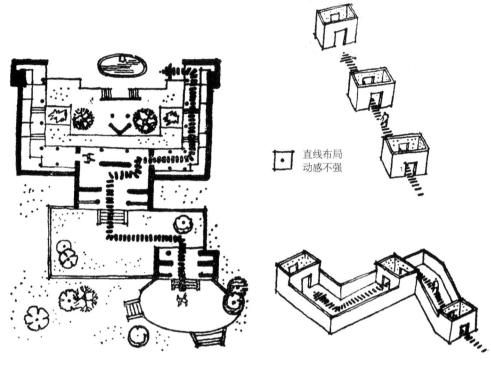

直线布局
动感不强

曲折布局，增加动感

曲折流动的空间处理
（昆明曹溪寺入口平面图）

空间的动静比较

曹溪寺天王殿剖面图

图 56　加强空间的动感

（二）增加空间的渗透和交流

我国传统园林建筑空间的特点，是与自然环境融合，建筑内外空间渗透贯通，户内外景色的交流，打破了空间沉闷、闭塞，从而有开朗明快的感受。寺庙园林环境也常以成片的漏花窗、隔扇、敞廊、敞厅等方式，使内外空间和景色交融，把宗教建筑空间，转化为园林化的建筑空间（图57）。

峨眉清音阁大雄宝殿，背依山崖，面前黑白二龙江交汇斗捷，风光绮丽。大殿正面完全敞开，与敞廊相连，围以"美人靠"，让户外的石级插入殿内。这样的处理，使建筑既是宗教场所，又是赏景佳地。

灌县二王庙望帝祠平面呈凸形，增加了内外空间的交接面和观赏面，向外凸出的正面完全敞向自然山水，后墙又开了大片落地漏窗，石级插入室内，连接了内外空间，内外空间融混一体。周围配以花台，更烘衬出建筑的玲珑剔透，轻盈娉婷（图58）。

青城山的上清宫采用完全贯通的方式，几个建筑和院落空间贯穿在一起。山门前，殿和后殿与中间的院落空间串成一气，视线通过一层层明暗和景色不同的空间，显得深远幽邃，轻快空透（图59）。

一些庙宇中，还采用部分透空屋顶的方式以敞厅、半厅围成外封闭内开敞的空间，获得很有趣的空间效果。镇江金山寺观音阁，屋顶中间挖出一小方井，改善了内部空间的封闭沉闷气氛。青城山天师洞以封闭的廊屋和敞殿围成外实内虚的空间，又以曲折外敞的走廊联接后面悬空在崖壁上的敞殿，空间对比变化，洞穴、建筑和室内、室外空间交相融混，效果很是奇妙（图60）。

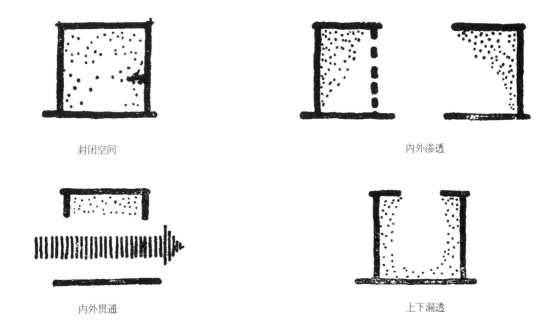

封闭空间　　　　　　　　　　　　　　内外渗透

内外贯通　　　　　　　　　　　　　　上下漏透

图 57　空间渗透、交融的示意

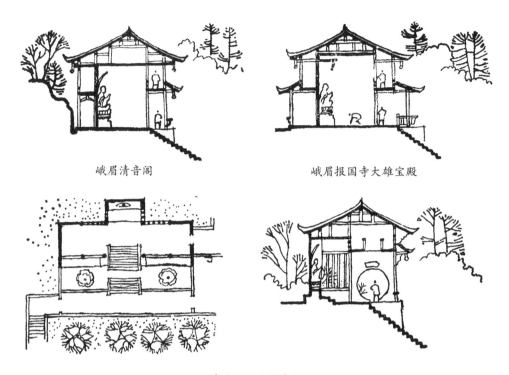

峨眉清音阁

峨眉报国寺大雄宝殿

灌县二王庙望帝祠

图 58　空间渗透的实例

透过上清宫山门的门洞观看两层庭院的景色

上清宫剖面图

图 59　空间贯通的实例

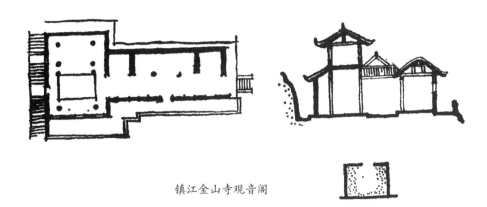

镇江金山寺观音阁

四川青城山天师洞景观

天师洞 a 视点景观

图60 空间的上下漏透实例（1）

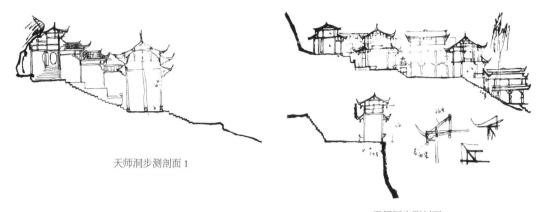

天师洞步测剖面 1

天师洞步测剖面 2

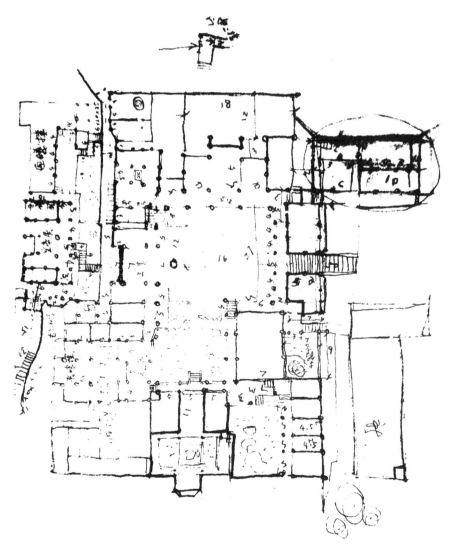

天师洞步测平面

图 60　空间的上下漏透实例（2）

院落间的景色和空间的渗透，也能打破沉闷，增加园林气氛。灌县伏龙观大殿前的庭院两侧，是向外开敞的两层回廊，借景都江堰景色。向内一面却用漏花落地扇，把院外景色依稀朦胧透入院内。回廊楼上却向四面通透，远远岷山，近处古城，尽收眼底，成极好的借景（图61）。杭州黄龙洞大殿左侧，以一空廊让山地美景透入殿前院落，而右侧的廊外面壁无景，侧以一墙围隔，这样虚实有致的处理，使空间景色巧相贯通，园林色彩十分鲜明。

寺庙园林环境中，不但重视建筑空间的处理，也十分重视空间中的景观作用。往往结合环境条件，把室外自然景观要素引入室内，改善室内空间的景观，使园林气息更浓，意趣横生。灌县二王庙铁龙殿，正面开敞，后壁贴崖，壁上引出清泉，经龙头汩汩泻入室内方池，成有趣的室内景观，被誉为"西蜀第一胜景"。四川潼南大佛寺大雄宝殿，引入一股泉水，冬天水气氤氲，夏日清爽澄澈，九曲回转，美化点缀了殿内空间。这些处理，一方面带有宗教色彩，另一方面也有观赏的作用。

很多寺庙，不但在天井中经营绿化，巧构景观，而且把绿化引入室内，使内部空间春意盎然。峨眉报国寺厢房的处理，是甚好的例证。而乐山大佛寺在室外崖壁上凿石室，内布置石桌石凳、盆景吊兰，崖上藤萝低垂，宛若洞府仙窟。这样的内外构景要素的交织，内外空间关系的颠倒，取得了很好的园林化效果（图62、图63）。

第四节
自然环境空间的园林化

寺庙建筑的园林化，不但重视建筑群体布局和个体空间的园林化，而且着力寺庙周围自然山村环境的园林化，使园林艺术跳出了院墙和"大园""小园"的圈子，创造了外部园林环境。

寺庙自然环境空间的园林化，重点放在游人活动频繁的香道和周围的自然景点上。

对这些地方结合景观进行加工，变朝山拜佛的香道为景观序幕，变自然景物为园林景观，从而使寺庙周围的自然环境空间，成为园林化的观赏空间。

（一）变寺前香道为景观序幕

我国园林艺术，同传统文学艺术一样，极讲求"开章"，称之为"凤头"。寺庙园林环境也十分重视景观序幕的作用，在寺前的主要干道——香道上，把散乱无序的自然环境空间，变成曲折幽邃，节奏明晰，景观丰富，序列完整的园林环境空间，使它成为酝酿宗教情绪、激发游览兴致的景观序幕。

寺庙园林环境的景观序幕，有长景观序幕和短景观序幕两种。

短景观序幕，常见于规模较小，离大路近的寺庙。"景贵乎曲，不曲不深"。为了使短短的入寺交通取得深远幽邃的效果，采取了曲折和隐蔽的处理，对自然环境空间

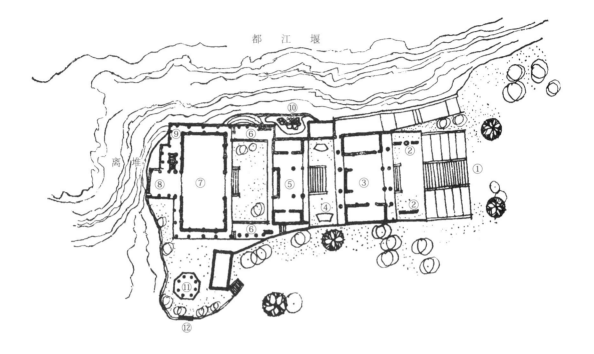

平面图

① 大石阶
② 古碑
③ 殿堂
④ 花台
⑤ 殿堂
⑥ 复廊
⑦ 大殿
⑧ 观澜亭
⑨ 回廊
⑩ 假山
⑪ 亭
⑫ 古碑

庭院和复廊

图 61　灌县伏龙观

图 62 峨眉山报国寺厢房内景观

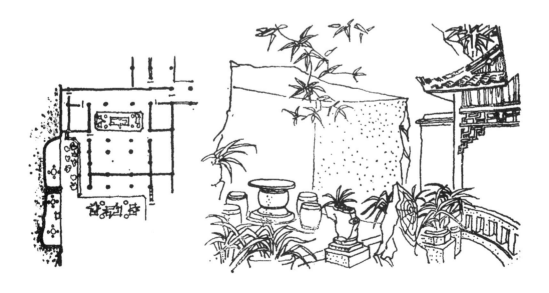

图 63 乐山大佛寺石室和庭园

进行加工，形成层次丰富的景观序幕。

杭州紫云洞，是栖霞山上一小庙，离道路仅数十米。本应直接敞亮山门，但因庙小，山门朴实无华，太露会寡味无趣。故以藏露结合的手法，以景观序幕掩盖了庙门的简朴卑小。首先庙门偏居一侧，放弃中轴线上的显赫位置，其次，以一牌门作为序幕的起景点，再贴崖壁布置蜿蜒曲折的道路，尽力拉长序幕的游程，并且以漏花墙把道路夹成时敞时合，时明时暗，高低错落的狭长曲折的空间。游人漫步其中，粉墙花影，绿荫婆娑，风景格外幽深，从而把自然空间转化为寺外的园林环境空间（图64）。

昆明筇竹寺，庙门前空间处理也甚有味。寺傍临大路，山门也朴素简洁。寺外用一墙院把山门隐蔽，道路沿围墙伸入，直至尽端方显露出一角楼，与环境结合构成第一景观，猛回头才见庙门在小院内突出显赫地露了出来。仅此一墙，使空间景观变化有趣，足见其构景匠心（图65）。

辽宁千山龙泉寺香道，沿幽静的溪谷蜿蜒曲折而上，绕过巨石，亮出了掩藏着的头山门。小门后迎面一影壁，收束视线，遮挡了乱石杂草。"摒俗收佳"，取得很好的景观效果。再向前绕过"法水常在"的巨石碑刻，二山门"龙泉洞天"在绝壁下露了出来。洞天依附山崖而筑，洞前一影壁收束了山前空间，掩映着洞门，又成洞天内向山下观看的对景和视线收束。洞天旁绝壁上的石刻，增加了环境的色彩。道路穿过洞天再一转折，前面在苍翠的林间和峭拔的崖上，层层叠叠的楼阁殿宇跃然而出，气势巍峨壮观（图66）。

长景观序幕，常见于远离通衢大道的寺庙。往往利用大道至庙门间的路程，用景观建筑和宗教小品点缀自然环境，组织和剪辑自然景观，形成香道上完整的空间和景观序列，把散乱的自然环境变成了园林化的环境。

长的香道景观序幕的例证甚多，峨眉伏虎寺、昆明金殿、青城天师洞、杭州虎跑、乐山大佛寺等，都有各具特色的景观序幕（图67）。

昆明金殿香道的景观序幕，由一石牌坊和三重富丽壮观的牌楼门组成。从山脚到山顶的太和宫道观（俗称金殿），先以一小巧的石坊起景，再经古木阴森的曲折山道，引导到三重"天门"。它们以三种不同的方式"亮相"，空间效果也不同。"一天门"矗立道旁，半掩半露，侧面向来客，牌坊和亭围成相对集中收敛的空间。"二天门"在峰回路转处跃然而出，正面迎向游人，空间呈松散扩散状态。"三天门"两侧伸出短墙，连接两座方亭，形成半围合的更为集中和收敛空间，把游人拥入怀内。三重"天门"从收敛到扩散再到更集中的空间序列，从半掩到而迎到"扑向"游人的景观亮象，层层烘托，加强了对游人的吸引和亲切感，反复强化了对景观的映象和意趣（图68）。

青城山天师洞的景观序幕长达十多华里，在香道上以亭、桥、牌坊点缀风景，组织景观，形成"步桥雨亭""天然图画""五洞天"等意趣不同的风景起伏。起伏之间散点布置了一些山亭作为过渡和延续，使整个序幕一脉贯通，创造了"青城天下幽"的意境。

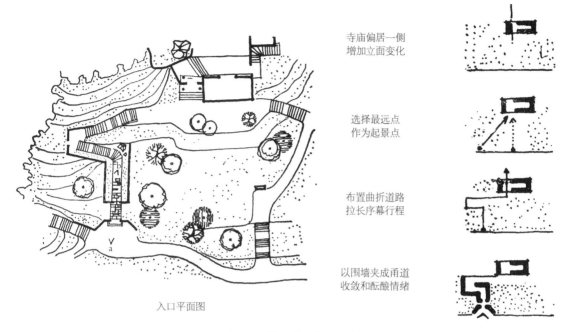

寺庙偏居一侧
增加立面变化

选择最远点
作为起景点

布置曲折道路
拉长序幕行程

以围墙夹成甬道
收敛和酝酿情绪

入口平面图

图 64　杭州紫云洞入口处理（1）

紫云洞庙门前的牌楼门

清宁幽邃的甬道

图 64　杭州紫云洞入口处理（2）

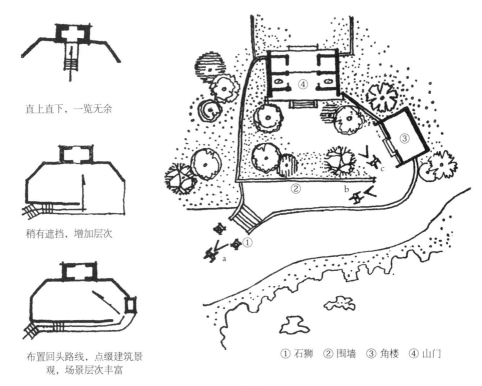

直上直下，一览无余

稍有遮挡，增加层次

布置回头路线，点缀建筑景观，场景层次丰富

① 石狮　② 围墙　③ 角楼　④ 山门

平面图

a 视点景观

图 65　昆明筇竹寺入口处理（1）

b 视点景观

c 视点景观

图 65　昆明筇竹寺入口处理（2）

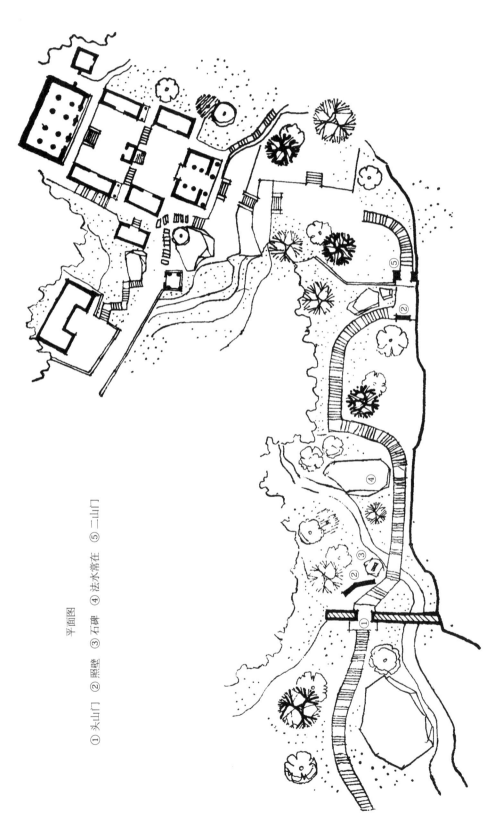

平面图

① 头山门 ② 照壁 ③ 石碑 ④ 法水常在 ⑤ 二山门

图 66 辽宁千山龙泉寺

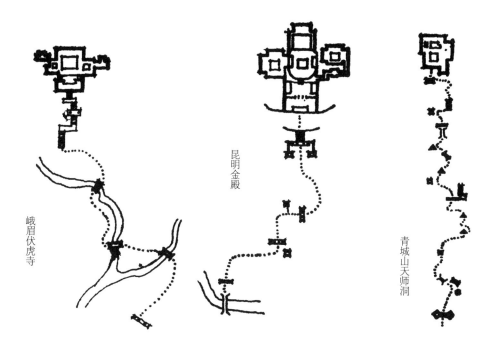

峨眉伏虎寺

昆明金殿

青城山天师洞

图 67　长香道为寺庙景观序幕之例

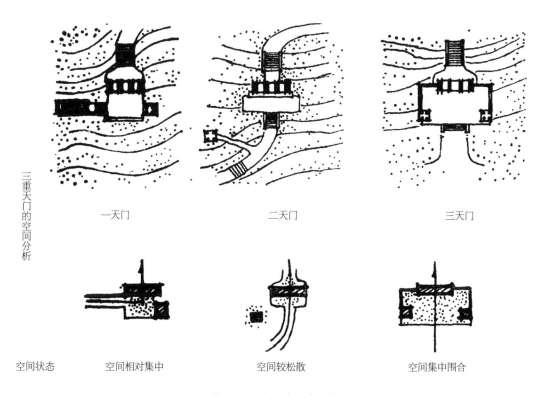

三重天门的空间分析

一天门　　　　　　　二天门　　　　　　　三天门

空间状态　　空间相对集中　　　　空间较松散　　　　空间集中围合

收敛→开放→进一步收敛

图 68　昆明金殿景观序幕的处理（1）

一天门处的景观

图 68　昆明金殿景观序幕的处理（2）

二天门处的景观

图 68　昆明金殿景观序幕的处理（3）

三天门处的景观

图 68　昆明金殿景观序幕的处理（4）

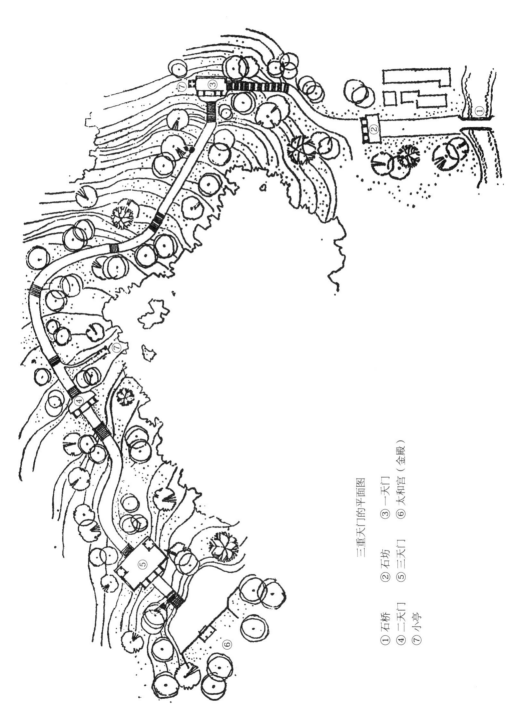

三重天门的平面图

① 石桥　② 石坊　③ 一天门
④ 二天门　⑤ 三天门　⑥ 太和宫（金殿）
⑦ 小亭

图 68　昆明金殿景观序幕的处理（5）

乐山大佛寺香道，也是长序幕景观的佳例。大佛寺在三江交汇的凌云峰上，风景十分优美，被赞为"天下山水在蜀，蜀之山水嘉州"。前山绝壁临江，气魄宏伟，视野广阔，是风景的精华所在，故舍易求难，放弃后山较平缓之道路，在绝壁上另凿香道，借取江山胜景，点以建筑小品，成为一幅山水长卷式的景观序幕（图69）。

大佛寺序幕以几个风最起伏点，一层层地推向风景高潮。

"凌云山楼"到"龙湫"：

在通向前后山的两条道路交汇点上，高耸着雄秀的"凌云山楼"，是序幕的起景点。过楼底层空间封闭，把从自然旷野空间来的人流集聚、再疏散到前后山道上。通往前山的门洞高大，把主要人流引向香道。穿过门洞，狭窄的石级两旁，悬崖和高墙形成半封闭空间，对情绪和视线进一步收敛，到人工砌筑的"龙湫"崖洞，完全把视野镇闭在狭小的封闭空间中。过楼到崖洞空间的处理以收敛为主，起着酝酿游兴的作用。

"阿弥陀佛"风景点：

人们经过"龙湫"崖洞的锁闭空间停滞延宕，前面空间豁然开阔，刻有"回头是岸""阿弥陀佛"的崖壁，把视线逼向左侧风景面；崖下浩浩江水，惊涛骇浪，从远远三江集聚直冲而来，天幕下朦胧的峨眉群峰，映衬着对岸水云蒸蒸的嘉州古城，似一幅气势壮阔的山水画。空间从收敛锁闭到突然开放，大小、明暗和景色的突变，尤如轻吟淡唱后金鼓轰鸣，给人十分强烈的惊险雄伟的印象。

"龙潭"风景点：

山路再穿过为山崖林木相夹的半锁闭空间，视线又为高低明暗和方向变化的空间遮挡收束。行进中的游人渐闻前面叮咚水声，产生强烈悬念。从暗道中穿出后，空间同时向左右舒展，一边是人工开凿的峡口，崖上飞下水帘，溅入龙潭，清脆悦耳。一面临危崖绝壁，俯览江水回流，舟楫飞渡。在潭边小平台上左右瞻顾，景色均十分佳丽。

"耳声目色"到弥勒殿：

过龙潭后，道旁崖壁林木阴翳，空间又呈锁闭状态。随着游人步移，林木扶疏，临江崖壁渐渐低下，空间似张似合，加上绿荫摇曳，光影浮动，显得迷离恍惚，由暗到亮，由淡到浓地渐渐透出江山景胜。绝壁上凿刻"耳声目色"四个巨字，点出了景观特色。悬崖更高更危，下面是令人股寒的滔滔长江。前面峰回路转，弥勒殿从崖上突出，东坡醉酒亭翼然临江，又一次以不同的高度、角度和方式，展现凌云峰的山水风光。

"雨花台"风景点：

山路经弥勒殿前平台，急转至雨花台处，前面又是高崖陡壁相夹的纵向空间，把视线集中到山门上，暗红的山崖，烘衬着明亮的庙门，崖上刻满名家诗词。"雨花台"处滴水似丝竹金声，寺前空间集中，场景热闹，有声有色，序幕的风景达到了高潮。

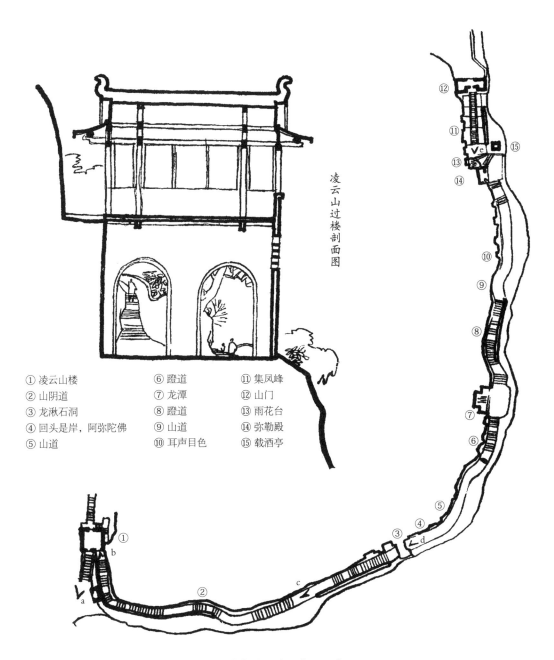

凌云山过楼剖面图

① 凌云山楼　⑥ 蹬道　⑪ 集凤峰
② 山阴道　⑦ 龙潭　⑫ 山门
③ 龙湫石洞　⑧ 蹬道　⑬ 雨花台
④ 回头是岸，阿弥陀佛　⑨ 山道　⑭ 弥勒殿
⑤ 山道　⑩ 耳声目色　⑮ 载酒亭

大佛寺香道景观布局示意图

图 69　乐山大佛寺香道的景观处理（1）

从 a 视点看凌云山过楼

图 69 乐山大佛寺香道的景观处理（2）

b 视点看景观　　　　　　　　　　　　　c 视点看龙湫的景观

原始速写

图 69　乐山大佛寺香道的景观处理（3）

d视点处景观

从e视点看山门

图69 乐山大佛寺香道的景观处理（4）

整个大佛寺香道，充分抓住了自然山水特色，加以人工剪裁，组成完整的景观序列，游人仰俯顾盼，耳染目睹，声色兼备，使几百米山路的的风光让人应接不暇。另一方面香道上借林木、崖壁、建筑、山洞和石磴形成张敛启合，明暗大小相间的节奏强烈的空间序列，把散乱的自然环境空间，转化为园林环境空间（图70）。

以上这些景观序幕尽管处理上变化多端，但仍有一些巧具匠意的共同手法：

（1）重视序幕起景，突出开章印象

"触景生情"的景观是触发游兴的基本因素。起景点景观，是景区开章第一印象，又是序幕空间的起点。从此点到庙门，是寺庙空间的延伸，在风景区中的地位十分重要。所以，常以牌坊、楼门等景观建筑和小品，丰富起景点景观，点缀渲染自然环境，突出了开章印象。

（2）丰富序幕景观，延续游览兴致

游兴情绪的保持，在旅游活动中十分重要。序幕中常组织变化丰富的环境空间，调动包括声、光、色在内的各种构思因素，提供丰富多彩的观赏内容，以曲折的道路，"摒俗收佳"的手法，组织剪辑景观，变化景观画面，保持游人新异的感受，达到游兴的持续。

（3）组织严密序列，破除松散状态

自然环境中，空间和景观呈现纯自然状态，缺乏节奏而松散零乱。序幕把自然环境空间加以建筑化和园林化的人为加工，组织序列，划分景区，以对比的手法加强空间景观节奏，破除了自然环境的松散零乱，强化了风景意韵和意境，使自然环境"人化"，转化为园林环境。

（二）变寺庙周围景物为园林景观

寺庙周围的自然环境，提供了丰富的构景素材，以建筑和园林手法，对这些自然景物加工，构成园林景观，加强了自然环境向园林环境的转化。

苏州虎丘剑池，是虎丘寺的佳丽胜景。相传池后吴王墓中殉以宝剑三千，故曰"剑池"。池水碧澄，陡壁如削，藤萝挂满幽谷。谷外是空旷的千人石广场，风景意趣迥然相异。为了使其自成一统，互不干扰，池边筑一高墙，以"别有洞天"的月门把分开的两空间贯通。游人步入洞门，松风云泉，凉气沁人，崖上虹桥飞架，如临深山大壑。一墙相隔，内外成两个天地。以此园林手法，在这小小的山间深沟上点染几笔，便成为吴中一大园林景胜（图71）。

辽宁千山西阁，位于一小山峰上，大殿和侧殿自成一院，寺外两道庙门组成了两个院落空间。西阁前的山崖上又结合地形，建影壁、云墙和钟楼，衬以岩石古松，构成的园林景观在群峰环抱下，更显优美佳丽（图72）。

昆明西山龙门石室石道，凿于滇池畔的绝崖上，突出了险奇的风景特色。石道长数百米，宽不足一米，窄处仅容一人侧身通过。石道壁上不时开出奇形怪状的采光口，成为一个个取景框，供游人"俯览滇池，极山水之胜"。石道内，一段闭封，一段敞开，交叉连贯；敞开处仅以半截石壁作危拦，空间上的明暗对比十分强烈。石道的开凿，不求平直，随高就低，随曲合方，崖壁犬牙凹凸，诡奇怪诞，烘托了奇险景象。石道中途，扩展成慈云洞石室，向前伸出一小平台，作为人流缓冲延宕，同时又与前面达天阁遥望，互为对景。游人在此，一下舒展了被紧束的视野，仰望耸入云中的"龙门"石坊，俯览滇池粼粼波光，宛然在瑶台仙山之中。

过慈云洞，又经一段曲折石道，到达"龙门"石坊和"达天阁"石室。阁内佛坛和石壁上有精细的云水鸟兽石雕。石室前平台凌空三百多米，龙门石牌坊峭立崖边，举目远望，"五百里滇池，奔来眼底"，此时此景动人心魄，游人对景观的感觉极为强烈（图73）。

龙门景观采用了园林处理手法，石室石道的组合，摹拟了园林建筑中的游廊、暗道和台榭亭阁的空间组合，突出了强烈的空间对比，在形象上也摹仿建筑门、窗、廊柱和台基栏干，自然景物加以建筑化的加工，自然空间加以园林化的处理，从而转化成园林景观和园林环境。

青城山天师洞周围空谷环抱，古木垂萝，自然风光清宁幽雅。这里以建筑小品和自然景物结合，组织空间，控制视野，形成导游线，把天然风景烘染得很有特色，使十分清幽的山谷变成很精彩的园林环境空间（图74）。

天师洞景区的集仙桥风景点，是大门"五洞天"到寺庙主体建筑前的一组格调淡雅的景观系列。游人经过"五洞天"后，视线被山崖逼向左面，引至临溪而架立的翼然亭。行到亭处，回头又见集仙桥渐渐从隐藏的苍崖云树下显露出来，亭、桥、崖畔和曲折的道路，景观的显隐交换间，在此形成一系列空间组合，成为景观小区域的多维观赏中心。

过桥后，又是一片古木葱茏的山坡，道路在坡上几经转折，石级尽端才露出一小巧亭榭，成为道上的对景，把游人指引向主体寺庙建筑群。

天师洞三岛石风景点，自然环境更加幽邃。此处三面绝壁，有若屏风，围成一很大的"院落"。在此中以降魔石为中心，绕以三座造形奇巧的树皮亭构景。降魔石巨大奇突；石内中空，以石级从中穿过，通向洗心池下的海棠溪畔。石后正对悬崖上的"上天梯"。亭桥和道路在泉、石和溪水间穿插、点缀，组成丰富的园林景观。游人到此，在幽邃宁静的山林景色中，真可洗心涤虑。

在主体建筑群后，借崖壁上的洞穴，挑廊架屋、建天师洞。旁边又结合地形另辟一殿，接一半圆亭，供人观景游玩，组成寺庙后的游览结景点。

集仙桥、三岛石、天师洞包围着主体道观，构成寺庙外围的园林化了的自然山林环境，遂为青城山的风景最佳地。

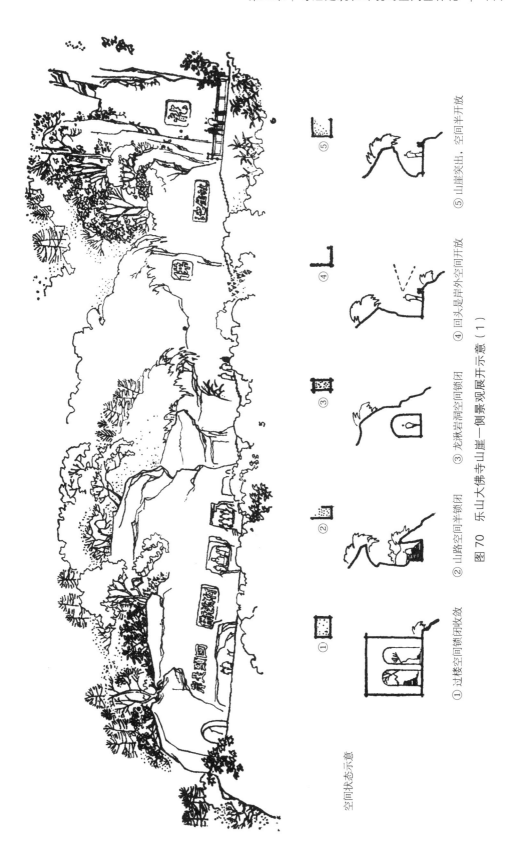

空间状态示意

① 过楼空间锁闭收敛　② 山路空间半锁闭　③ 龙湫岩洞空间锁闭　④ 回头是岸外空间开放　⑤ 山崖突出，空间半开放

图 70 乐山大佛寺山崖一侧景观展开示意（1）

⑥磴道林荫奄蔽，空间呈锁闭状态　⑦龙潭处空间多向开放　⑧山道空间又进入锁闭状态　⑨林木渐疏，空间呈不稳定状态　⑩耳声目色处空间再次开放　⑪集凤峰处空间收束，突出山门　⑫山门空间锁闭收敛成香道的结束

图 70　乐山大佛寺山崖一侧景观展开示意（2）

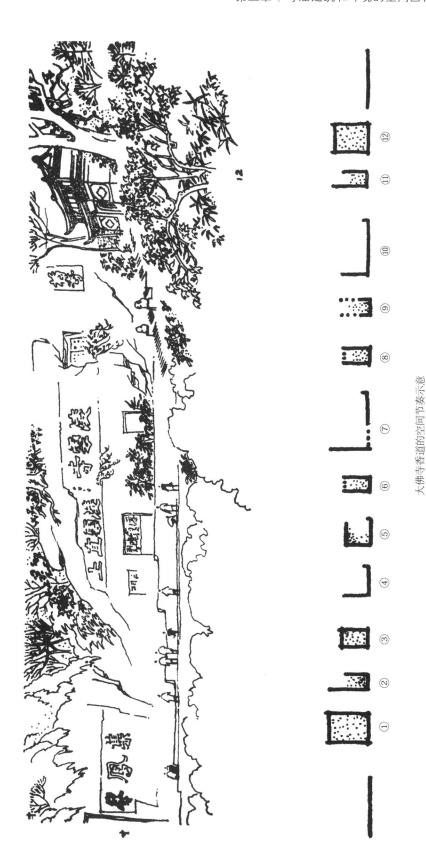

大佛寺香道的空间节奏示意

图70 乐山大佛寺山崖一侧景观展开示意（3）

剑池景观

平面图

① 剑池
② 白莲池
③ 别有洞天
④ 二仙亭
⑤ 双井桥
⑥ 可中亭

图 71　苏州虎丘剑池

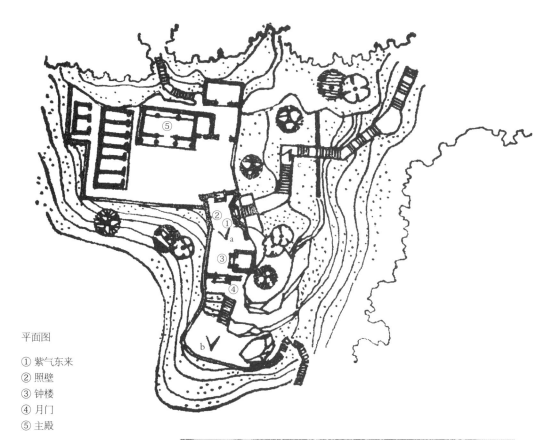

平面图

① 紫气东来
② 照壁
③ 钟楼
④ 月门
⑤ 主殿

a 视点景观

图 72　辽宁千山西阁（1）

紫气东来的景观

b 视点景观

图 72　辽宁千山西阁（2）

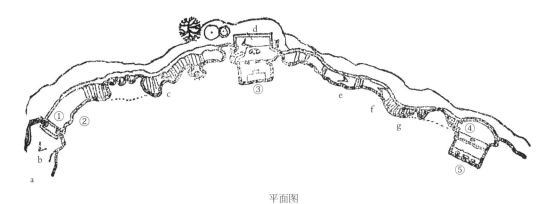

平面图

① 别有洞天 ② 普陀南海 ③ 慈云洞 ④ 龙门石坊 ⑤ 达天阁

a 视点看别有洞天牌楼门   b 视点看普陀南海观景

图 73 昆明西山龙门石室石道景观序列（1）

c 视点看石道景观

d 视点看龙门石坊

e 视点回头看慈云洞

图 73　昆明西山龙门石室石道景观序列（2）

f 视点景观

g 视点看龙门石坊

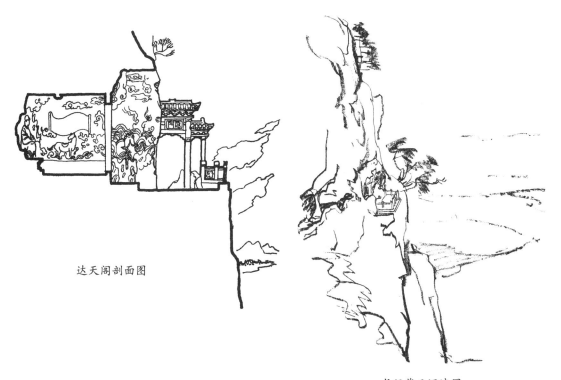

达天阁剖面图

龙门紫云洞速写

图 73　昆明西山龙门石室石道景观序列（3）

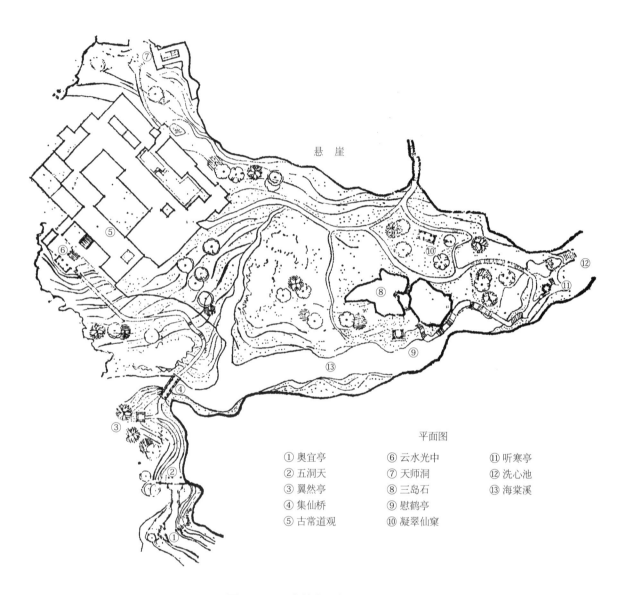

平面图

① 奥宜亭　　　⑥ 云水光中　　　⑪ 听寒亭
② 五洞天　　　⑦ 天师洞　　　　⑫ 洗心池
③ 翼然亭　　　⑧ 三岛石　　　　⑬ 海棠溪
④ 集仙桥　　　⑨ 慰鹤亭
⑤ 古常道观　　⑩ 凝翠仙寨

图 74　四川青城山天师洞（1）

从五洞天看翼然亭

图 74　四川青城山天师洞（2）

从翼然亭看集仙桥

图 74 四川青城山天师洞（3）

云水光中的亭榭景观

从一线天石峡看慰鹤亭

图74 四川青城山天师洞（4）

第四章

寺庙园林环境的构景矛盾

寺庙园林环境主要依赖天然景貌构景，但是建筑和自然环境之间存在着种种矛盾。有建筑的人工与自然的天趣的矛盾；有少量的建筑与浩大的环境容量的矛盾；有自然地貌对景观构景上的利弊之矛盾等等。如何妥善地、巧妙地处理这些矛盾，使人工天趣相得益彰，使有限的建筑——"小筑"，在广阔的自然环境中蔚为"大观"，使"弊"转化为"利"等等，就成为开发寺庙园林环境的重要课题。千年传统寺庙建筑文化里，在这方面积累了许多值得注意的借鉴宝贵经验。

第一节

人工和天趣

我国历代造园家都十分重视园林创作中人工美与自然美的融合关系。《洛阳名园记序》指出，"务宏大者，少幽邃；人力胜者，少苍古"。明代袁中道在《名岳记》中云："……自然胜者，穷（穷）于点缀；人工亟者，损其天趣。"这些精湛的论述，阐述了人工和天趣的辩证关系。古人的造园实践极为重视建筑和环境的关系，使两者有机交融，"虽由人作，宛自天开"，以达到"虽称土木盛，未掩云林致"的境界。这在寺庙园林环境的构景中，也显得十分突出。在处理人工和天趣的矛盾上，创造了不少成功的手法。

（一）顺应自然，巧妙利用山林地形

寺庙园林环境极力保持自然山水脉理，顺应自然，少施斧凿，存其自然之势而得其天然之趣。利用地形巧妙地立基架屋，既增加了景观特色，又使建筑与山林地形有机地紧密结合为一体。

（1）利用高差，壮大建筑形象

山林间地形变化复杂，高差常常很大，寺庙多不挖填取平，而以建筑"跨骑"地势突变处，既节省人工，又利用高差取得壮观的建筑景观。

青城山古常道观山门，骑建在高高的陡坎上，长长的石阶贯入建筑，直通后面庭院。建筑虽二层，立面却呈现四级三层的壮观景象。陡高的石级不但增加了建筑的气势，又因其贯穿建筑连接庭院而产生奇妙的空间效果，庭院也因建筑外推而得以扩大（图75、图76）。

峨眉山纯阳殿，舍去门前开阔之地而让庙门骑在坎上，把石级纳入建筑内，正面形成高低参差的层次，入口也形成丰富多趣的空间。峨眉山伏虎寺大殿以及灌县二王庙两道山门，也属类似的处理（图77、图78）。

峨眉山洪椿坪的大雄宝殿，高出殿前庭院和前殿整整一层，大殿的地面标高与前殿二楼相等，两殿间以回廊互相连通，大殿的柱一放到底，从正面观之，取得了三层的巍峨壮观的立面效果（图79）。

图 75　四川青城山古常道观山门景观

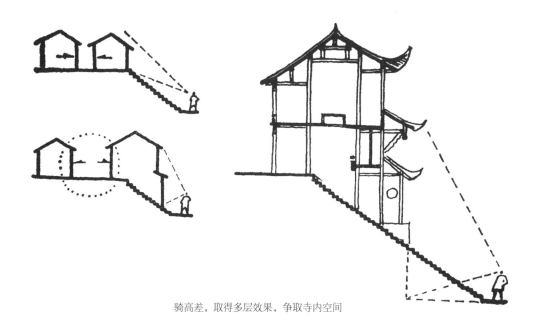

骑高差，取得多层效果，争取寺内空间

图 76　四川青城山古常道观的山门处理

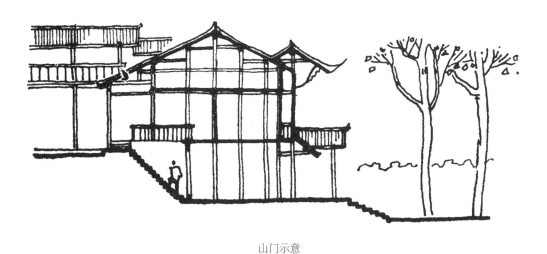

山门示意

图 77　峨眉山纯阳殿山门处理（1）

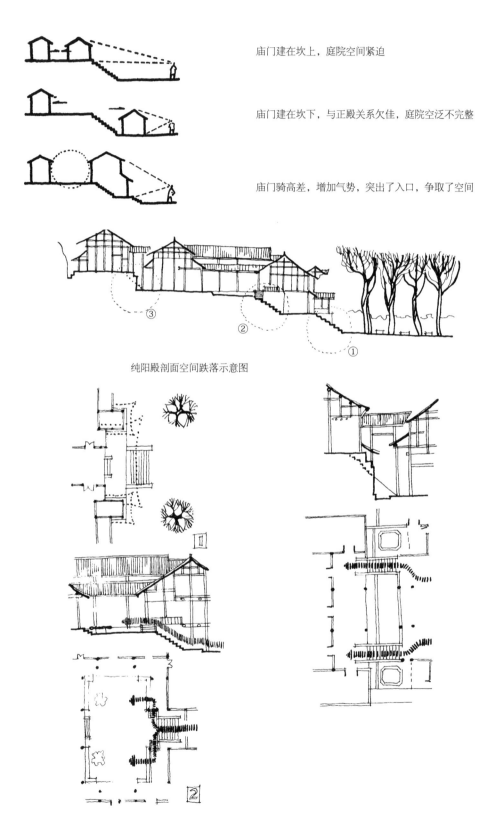

庙门建在坎上，庭院空间紧迫

庙门建在坎下，与正殿关系欠佳，庭院空泛不完整

庙门骑高差，增加气势，突出了入口，争取了空间

纯阳殿剖面空间跌落示意图

图 77　峨眉山纯阳殿山门处理（2）

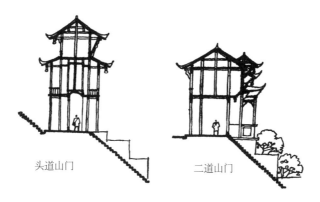

头道山门　　　　二道山门

图 78　灌县二王庙山门处理

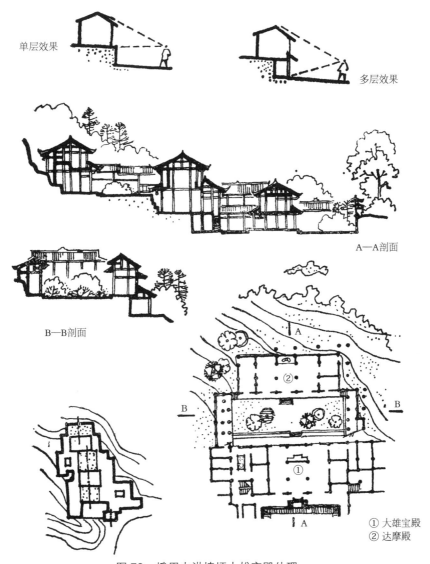

单层效果

多层效果

A—A剖面

B—B剖面

① 大雄宝殿
② 达摩殿

图 79　峨眉山洪椿坪大雄宝殿处理

（2）紧贴崖壁，争取建筑空间

山林陡峭狭窄之地，建筑不易舒展，很难取得较宽阔的室内外空间。而在山林的寺庙，一般并不削山劈崖，人造平地，而是常把建筑贴紧山崖，挤出院落空间，既不影响室外宅间的使用，同时又造成别致的景观和空间效果。

镇江金山寺塔院，地势狭窄，院落空间紧促，贴崖边建架空敞廊，外墙上下饰以花窗，下层作为暗廊，不但扩大了塔院空间，外观上成双层楼阁，而且暗廊中光影扶疏，十分有趣（图80）。

峨眉山洪椿坪达摩殿两侧的连廊，一侧架于崖上，一侧落于崖下，既扩展了院落空间，又争取了空间，作为厢房和杂屋，空间和景观上都很有特色。

灌县二王庙老君殿位于寺庙后陡急突出的山嘴上，仅容立足，难以架屋，但此地在寺庙主轴线上，是建筑群体的制高点和景观"尾声"，在构景上有很重要的作用。这里采用凸形平面的高矗小殿适应地形，又让崖石穿入，成两层佛坛，省工省料而又取得理想的立面和空间效果（图81）。

（3）依势重叠，丰富群体构景

因山随势，重叠构筑，丰富了建筑群体的构景，以取得栉比鳞次、气势壮观的景色。

灌县城隍庙楼门后，两侧厢房沿山坡等高线爬高，透过门楼望去，两边层层飞舞的重檐翼角，向上高升收束的石级花台，在半山殿宇的衬托下，构成仰视景观（图82）。

镇江金山寺殿宇在陡峭的山崖上叠架，长长的石级上下曲折穿插，游人一入寺门，但见重重叠叠的楼阁殿宇覆盖山峰，甚为壮观。

（二）融入自然，与天然景观浑然一体

"湖光山水与人亲"，这种人和环境的融洽关系，体现在人为建筑和自然环境的关系上。寺庙园林环境，一反宗教建筑中固有的巨大、压抑、阴森的面貌，建筑的体量、尺度、形象与人相亲相宜，造成了轻快活泼的气氛，又与自然景观协调和谐，人与建筑、环境的关系得到了很好的解决。

（1）体量合宜

合宜的建筑体量，是构景中协调人工和天趣的关键。它除了满足建筑功能的要求外，还直接受自然景观地貌的影响。一般说来，地面宽阔，观赏视距远，环境空间容量大，建筑体量也可大，地势险峻狭窄，观赏视距近，环境空间容量小，建筑的体量也应小，否则建筑与环境不协调，损害自然景色而天趣殆尽（图83、图84）。

寺庙园林环境，十分灵活地调整建筑功能，协调建筑体量。当环境允许大体量建筑时，寺庙殿宇以宗教功能为主，体量也较大；当环境不容许大体量建筑时，建筑的宗教功能让位给旅游功能，变为从属的地位。宗教建筑常缩小了体量，点缀风景，实际成为点景游览建筑。

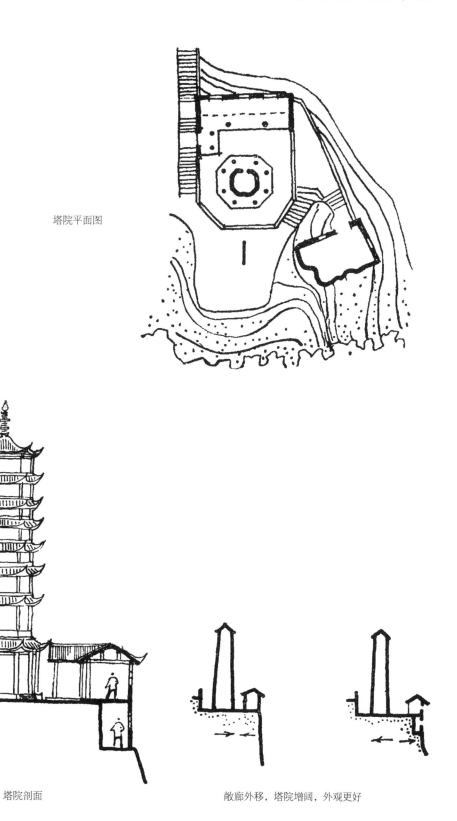

塔院平面图

塔院剖面　　　　　　　　　　　敞廊外移，塔院增阔，外观更好

图 80　镇江金山寺塔院

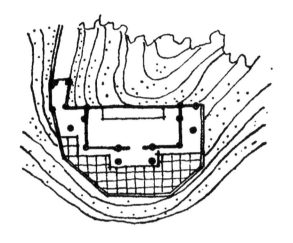

平面图

剖面图

图 81　灌县二王庙的老君殿

入口处景观

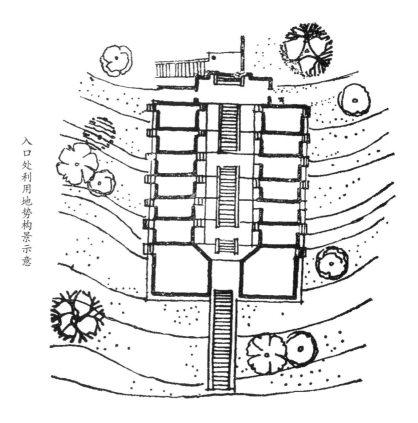

入口处利用地势构景示意

图 82　灌县城隍庙入口处理

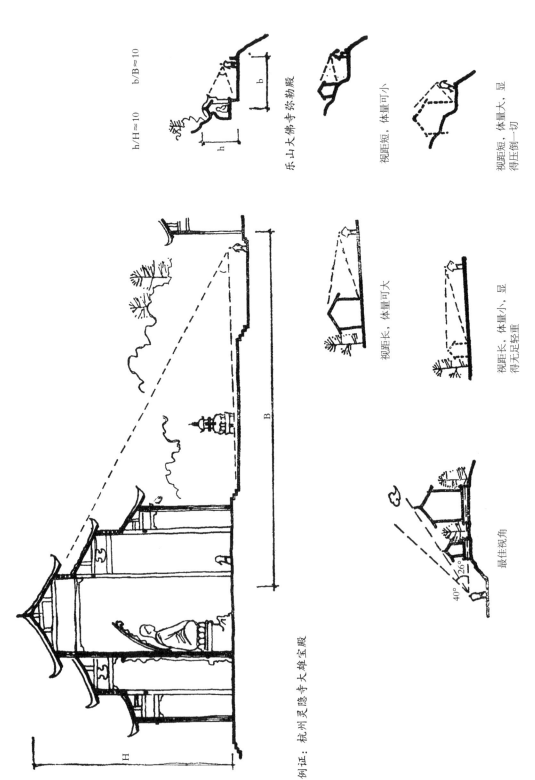

h/H≈10　　b/B≈10

乐山大佛寺弥勒殿

视距短，体量可小

视距短，体量大，显得无足倒一切

例证：杭州灵隐寺大雄宝殿

视距长，体量可大

视距长，体量小，显得无足轻重

最佳视角

图 83　视距与体量的关系示意

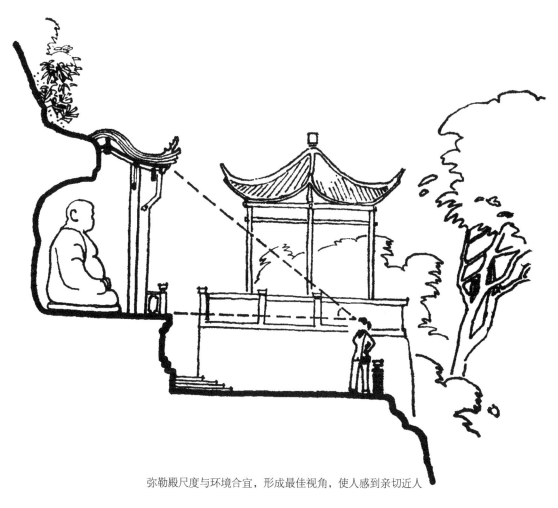

弥勒殿尺度与环境合宜，形成最佳视角，使人感到亲切近人

弥勒殿剖面示意图

图84　乐山大佛寺弥勒殿的体量与视距关系

　　杭州灵隐寺地势平坦，观赏视距范围宽，甚至成为飞来峰的对景，故天王殿和大雄宝殿采用了大尺度、大体量，大雄宝殿高达三十三米。峨眉清音阁大雄宝殿建在山腰陡坡上，地势狭窄，与近处双飞亭互为对景，视距略小，故建筑的体量和风度比灵隐寺大殿小。乐山大佛寺香道上之弥勒殿，前面仅有四米左右的平台，又无远观对景的要求，故体量小巧，尺度宜人。殿高仅三米，实际成为点缀山道的宗教小品。

　　位于悬崖上的昆明西山龙门的太真宫，面积仅有四平方米，高度也只两米。它在特殊的地貌环境中，也显得得体。上述这些小尺度建筑，宗教功能下降为从属的地位，成为景观建筑。

寺庙园林环境中，仍常产生功能要求和环境容量相矛盾的情况，为了解决这一矛盾，往往以化整为零的方法来缩小体量感。

其一是将屋顶一分为二，降低建筑高度。灌县二王庙李冰殿，是两层楼、面阔进深各七间的大殿。其屋顶采用前小后大的勾连搭歇山顶，减少了建筑总高度。

在峨眉山一小山头上的飞来殿，内部为一凸形空间，采用前小后大的勾连搭屋顶，正面只能见小屋顶，也有效地缩小了体量（图85）。

其二是将室内空间化整为零，缩小建筑体量。镇江金山寺观音阁采用天井插入，把室内空间化整为零，大屋顶分割成为几个小屋顶，建筑体量得到缩小，与不大的山峰更相合宜，室内空间也得到丰富的变化（图86）。

其三是以小构件分割立面，改善体量观感。峨眉纯阳殿庙门，以几个小巧的屋面在大屋顶中穿插分割，山门上部挑檐作玲珑的牌楼处理，既丰富突出了立面形象，又改善了庙门体量硕大笨重的观感，使建筑和清秀的自然环境融合，构成幽美的景观。这种立面处理手法，在四川山地寺庙建筑中俯拾皆是（图87）。

（2）造型得体

造型得体，也是人工和天趣融洽的重要环节。建筑"身坯"合宜，但形象不得体，仍有损自然景色的天趣。故寺庙园林环境中，很重视建筑形象与环境景貌的协调关系。

寺庙园林环境中，一方面常采用灵活的建筑布局与自然地形和景物有机结合，另一方面，随着环境的千变万化，个体造型也与景物地形配合，呈现出千姿百态的形象。这些点缀风景的景观建筑，落笔大胆，不落俗套，随曲合方，因景赋形。平面立面皆随道路、地貌的曲折高下而变，与环境如鱼水般的有机相亲。

四川青城山的景观建筑是较好的实例，山上有随山路转折形成的三角亭——怡乐窠；有一立山峰顶上的八角形息心所；有半倚山崖的方亭——冷然亭；有被山路穿过而减柱的卧云亭。凝翠桥随山势道路弯曲而成弧形，朝阳洞借山崖洞穴依崖建亭，犹如天成。另外，峨眉古山道旁三角形梳妆台，立于悬崖边的一小块三角形地面上，在山路上下观之，皆很得体。

其他如昆明圆通山丫形亭、杭州黄龙洞鹤止亭、乐山乌尤寺庙门侧的扇形青衣亭等造型，都与环境结合巧妙得体（图88～图90）。

（3）格调素雅

素雅朴质的建筑格调，更能与清幽的山林景色统一协调。寺庙园林环境虽多在名山胜景之地，"却嫌脂粉颜色"，尽量避免用宗教惯有的宫殿式风格以及豪华昂贵的建筑材料。因为金碧辉煌的建筑色彩和山林野趣互相冲突，格格不入。故寺庙园林常以朴实无华的地方建筑风格，色彩素净的地方材料，使与自然风景和谐。

寺庙园林环境中的建筑常受地方建筑风格的陶冶，再加上地方工匠施工，运用地方材料，自然而然地吸取了民居书院等浓厚的地方建筑特色，以质朴典雅的山居别墅格调的形象，亭亭玉立在清幽的山林间。如九华山取皖南民居，普陀山取浙东民居，峨眉山取川西民居，而江南一带又多取苏州园林和民居的风格。这些风格世俗化了的寺庙，在自然美景中，更具有典雅浓郁的生活气息和环境特色（图91）。

在色彩和材料上与环境协调之例很多。乐山乌尤寺和大佛寺以山上红砂岩为建筑材料，门窗墙柱也用暗红基调，建筑朴拙古雅的格调，与环境中的云崖和古木相衬，显得十分自然。峨眉虽为佛教圣地，其建筑色彩也无奢华虚浮，与苍郁的山林浑然一体。有的寺宇甚至不施油漆粉饰，就其材料本色，更显得淳朴淡恬。青城山建筑多取材自然，不假雕工，以天然的简朴色调与自然糅合而取胜。尤其山上的桥、亭，多取近旁杉树为材，不求修直，不去树皮，以树皮为盖或干脆依树而立，就其干为柱，以其根为凳，再以枯枝古藤装修栏干，不似雕工胜似雕工，更具自然天趣，与山林岩石交相融混，如自然有机生长，具有生机勃发的气韵（图92、图93）。

（三）点染自然，使山水意境更为浓郁

只求人工和天趣协调还是不够的。以建筑美化环境，以人工点染自然，使山水意境更为浓郁，使自然环境上升为园林环境，才是园林创作更深一层的要求。寺庙园林环境中，人工对天然风景的加工，更激发游人对风景美的强烈感受，让人从有限的景色中，体味到景外无限的意境。

首先是以建筑自身的美，烘衬山水意境。

山林风光，贵在自然。我国艺术家历来把"天然图画"作为山水景色的佳品。寺庙园林环境中，建筑以合宜的体量，得体的形象，素雅的格调，既与山水景色糅成一体，保持了景观的天趣，又以丰富多姿的优美形象，装点自然风景，成为自然景观中心，在白云飘渺、绿荫浓郁的高山流水中，创造出"仙山琼阁"的理想境界。

其次是以园林构景手法，对景观组织剪辑，深化山水意境。

寺庙园林环境中，采用了传统园林构景手法，以建筑手段点景、成景、框景、借景，摒俗收佳，提炼自然风景，让自然美更集中、更典型，让风景主题强调得更为突出，使人的感情和自然产生共鸣，从而达到深化山水意境的目的。

前述的乐山大佛寺紧紧扣住三江交流的风景特点，反复在不同的位置，不同的高度，以不同的方式，展现出江景的一个个清新的画面，深化了风景感受，突出了宏伟壮阔，气魄轩昂的山水意境。

其三是以传统文化艺术和宗教手段渲染山水意境。

文化艺术对自然风景的开发，使天然的景貌有了强大的生命力。寺庙园林环境中借助民间传说、历史典故、文化遗迹和宗教文化艺术作为特殊的手段，给山林景色增添了奇丽的色彩和神秘的气氛。在自然景色中，往往以碑刻、匾联、摩崖，题以隽永的诗词，点出风景特征，描述出人在风景中的感受，抒发了人对山水的感情，造就诗情画意的境界，又以遥远的传说、神秘的故事，加上宗教小品的点染，造成了寺庙园林环境特有的虚幻神奇的气氛。现实的美景，真实的历史，虚构的传说，与缥缈的浮想交织相连，扑朔迷离，把游人带到了更高的、更美的境界中。

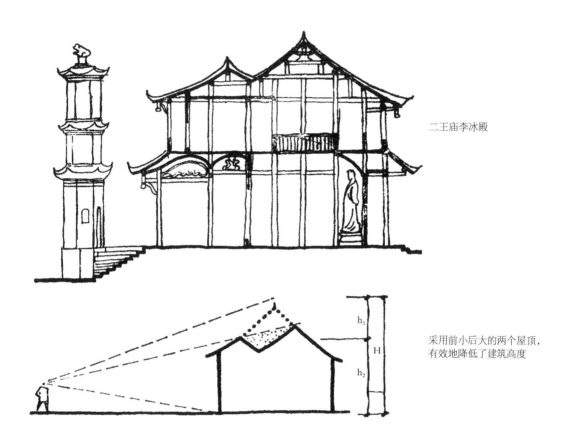

二王庙李冰殿

采用前小后大的两个屋顶，
有效地降低了建筑高度

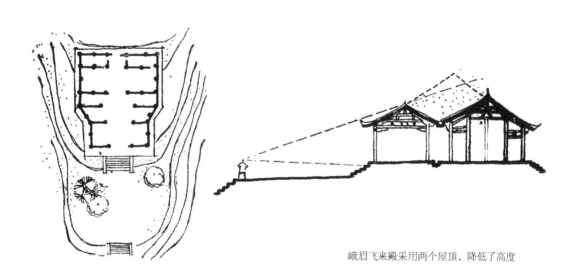

峨眉飞来殿采用两个屋顶，降低了高度

图85　缩小体量的处理方式之一（屋顶一分为二）

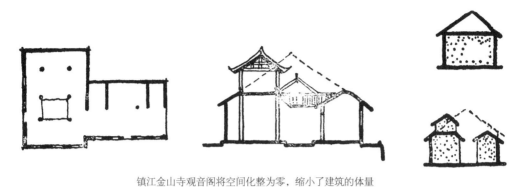

镇江金山寺观音阁将空间化整为零，缩小了建筑的体量

图 86　缩小体量的处理方式之二（空间化整为零）

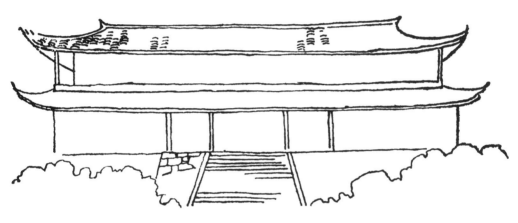

峨眉纯阳殿庙门若不处理，显得硕大笨重

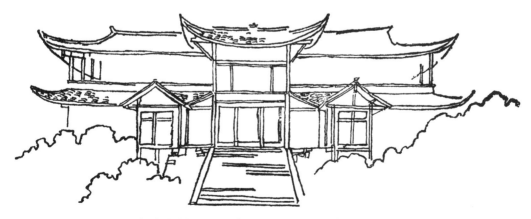

如此处理，以小构件分割大体量，产生体量缩小的感觉，建筑物显得轻巧，立面丰富

图 87　缩小体量的处理方式之三（小构件分割立面）（1）

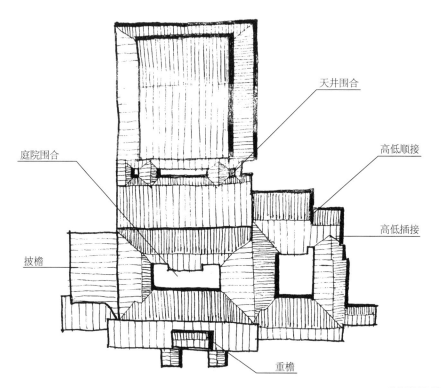

天井围合

高低顺接

庭院围合

高低插接

披檐

重檐

纯阳殿屋顶平面

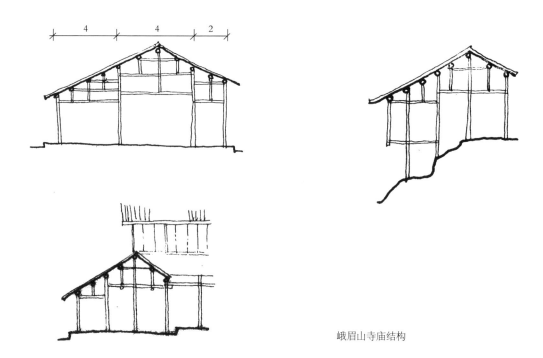

峨眉山寺庙结构

图87　缩小体量的处理方式之三（小构件分割立面）（2）

图 88　青城山怡乐窠

图 89　青城山凝翠桥

平面图

图90　峨眉山道上的梳妆台景观（1）

梳妆台向上看景观速写

梳妆台向下看景观速写

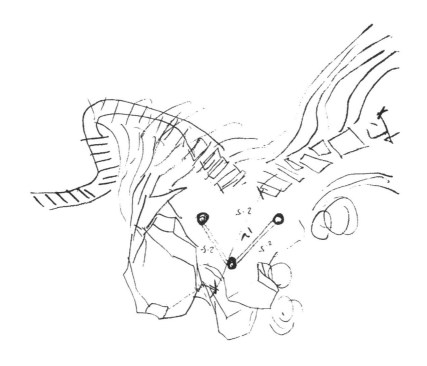

梳妆台平面步测速写

图 90　峨眉山道上的梳妆台景观（2）

图91 具有川西民居风格的洪椿坪庙门

图 92　青城山素雅的山门

清虚阁的平面和剖面

翠光亭的剖面和立面

图 93　青城山素雅的山亭（1）

清虚阁原始步测剖面速写

图 93 青城山素雅的山亭（2）

清虚阁景观

图 93　青城山素雅的山亭（3）

第二节
小筑和大观

城市的私家园林，范围不大，空间容量小，建筑密集。要在有限的空间中，创造出"城市山林"的境界，往往采用小中见大的手法，造成空间的扩大感。山林中的寺庙园林环境恰恰相反，其自然空间容量大，影响范围广，常波及寺外很远，甚至几座庙宇，就占据整座名山。如此浩大的自然空间中，建筑密度甚微。要做到"千山抱一寺，一寺镇千山"，以比较少的建筑，控制较大的景观场面，采用《园冶·相地篇》提出的"略成小筑，足征大观"的手法，就是以少胜多，以有限人力，控制浩瀚的空间的最有效而经济的手法。

（一）以少胜多，用点、线、面、体控制景观全局

（1）点的控制

园林环境中，以建筑和自然景观构成的风景点，是控制环境空间的基本单元。风景点的控制有两方面，其一是它作为被观赏的景观，成为周围环境中游人视线的吸引中心、景观点；其二是它作为对周围风景的观赏点，让游人以视线"扫描"环境的空间、观景点。此两方面视线所控制的范围，即该点所控制的自然环境。

寺庙园林环境中，常结合旅游功能，在山林中为游人提供憩息和荫庇之处，为风景导游提供标注。这些地方常采用散点布局，每一点独占一隅，在自然风景中成景、点景、补白、提供对景，成为寺庙外围的风景单元，尽量地扩大了寺庙的控制范围。

灌县二王庙，在远离寺庙几华里的山路上，旁崖临江建一西亭。成为寺的"前哨"。在此眺望，"玉垒仙都"的二王庙，隐于葱郁翠绿的山麓，都江古堰在庙前滚滚流过。游人至此，已觉寺庙濒临。

点的控制例子很多，如雅安金凤寺揽辉亭，峨眉和青城的山亭，皆有佳例（图94）。

（2）线的控制

线的控制是点的控制的延伸。园林环境的风景点以道路串连，形成游览线。这条线所控制的道路周围的环境空间，就是线的控制范围。寺庙园林环境中，常沿主要交通干线散点布置风景建筑，既成道路的景观点缀，又是一个个观赏点和休息点，它们组成有机连续的游览线。这些游览线不但控制了游览方向，起着导游作用和分配人流、短暂吸收、储存人流、组织交通等作用，而且把孤立分散的景观镜头一脉相连，形成有起有伏、有主有从的风景序列，从而以少量的建筑造成了寺庙的扩展和延伸，控制了自然环境空间。

峨眉伏虎寺前的主干道上，在狭长的虎溪谷中，布置了三座玲珑小巧、造型各异的桥亭，与道路上的牌坊组成一导游线。桥亭和牌坊既分割了虎溪谷的狭长空间，又组成了一个个具有小桥流水画意的景观，控制了伏虎寺庙前广阔的环境空间（图95）。

点的控制示意图

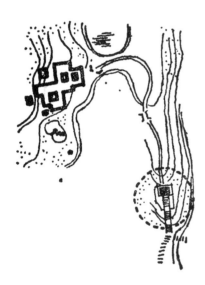

雅安金凤寺揽辉亭

图 94　点的控制例证（1）

灌县二王庙的西滟亭

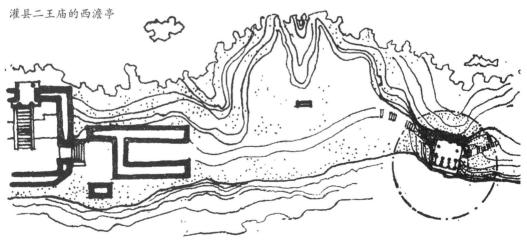

图 94 点的控制例证（2）

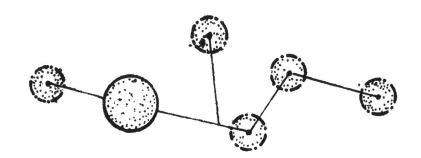

线的控制示意：由景观点和观赏线构成了线的控制

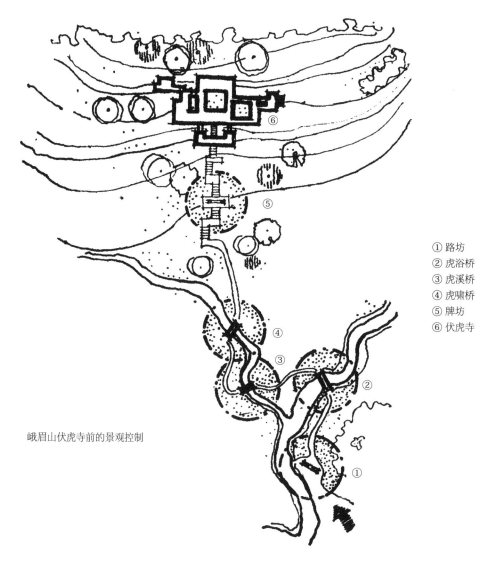

峨眉山伏虎寺前的景观控制

①路坊
②虎浴桥
③虎溪桥
④虎啸桥
⑤牌坊
⑥伏虎寺

图 95　线的控制例证（1）

峨眉伏虎寺前的路坊

峨眉伏虎寺虎浴桥的景观

图 95 线的控制例证（2）

苏州灵岩寺前以几个山亭和一座佛塔，占据寺山口关隘，控制了寺前两三公里的游览线，也是线的控制之实例。

（3）面的控制

面的控制是由多个风景点，多条游览线组成的点面结合的景观控制。寺庙园林环境中面的控制范围较集中，景观建筑相对密集，常常围绕着寺庙，形成山林中宗教活动和游乐食宿等多种旅游生活的中心。四川青城山的上清宫、天师洞和镇江焦山寺等，都是面的控制的实例。

上清宫位于主峰。这里地势险峻，有登高远眺之便。以观日亭、壮观亭、圣灯亭、呼应亭等占据了寺庙周围不同高度的地方，可以从不同的角度来观览山林景色，形成了一风景面，控制了寺庙周围的景观和空间（图96、图97）。

镇江焦山雄峙长江之中，山下林木葱郁，水陆交织，定慧寺藏于林荫中。尽管寺庙殿宇巍峨雄伟，然与大江、山峰的环境空间相比，仍显微乎其微。为了扩展寺庙控制景观场面，这里结合旅游功能和地理条件，有分有合地布置了景观建筑，形成一个大的风景控制面。寺东部地势低平，依少量建筑不能征以"大观"，故成片布以墨宝轩、观音洞、瘗鹤亭，控制住东部空间。焦山顶上和北面山坡地势高，风景点控制面广，因此散点布置了吸江亭、壮观亭、焦人洞和别峰仙馆等建筑，占住了北面。寺的西侧以华严阁据守，这样有分有合，分兵把守，以少胜多地控制住了整个焦山的环境空间（图98）。

（4）体的控制

在环境空间容量更大的名山风景胜地，常由几个或多个以寺庙为核心的风景面，按自然地势的高下起落，分布在不同标高上，其间穿插宗教小品和景观建筑，结合自然风景点，组成立体结构的风景旅游区，控制住整个名山的景观全局。我国著名的寺庙风景区，如峨眉、青城、普陀、九华等名山，都是以寺庙园林环境和自然风景点组成的立体结构式的旅游区。

现以青城山为例，剖析其风景区的立体结构。

青城三十六峰，主峰高一千六百米，原有宫观七十余所，胜景一百八十处。现为剩下六所宫观和二十余个山亭，控制了清幽古雅的整个名山。青城山景区蔓延山外，由山外的长生宫、建福宫是进入景区的前沿。山上几条主次游览线把不同标高上的几座道观串连起来。山门到五洞天是主要游览线上的风景序幕，以古常道观为核心的天师洞，是全山风景最佳处，也是全山的高潮。上清宫位于主峰，居高临下，回顾和眺望山内外风光，是全山的收束和回澜。祖师殿和圆明宫两分支，是风景主脉的外延。各宫观间的主次游览线上，以游人的体能为据，比较均匀地结合环境景观，布置了休息和景观用的景观和观景功能构筑物，这些点、线和面，水平结合竖向的组合，形成了旅游风景区的立体结构。青城山仅以六座宫观，二十余座山亭，以一当十，充分发挥了小筑在自然空间中的作用，控制住了整座名山的景观（图99）。

图 96　青城山观日亭

图 97　青城山壮观台

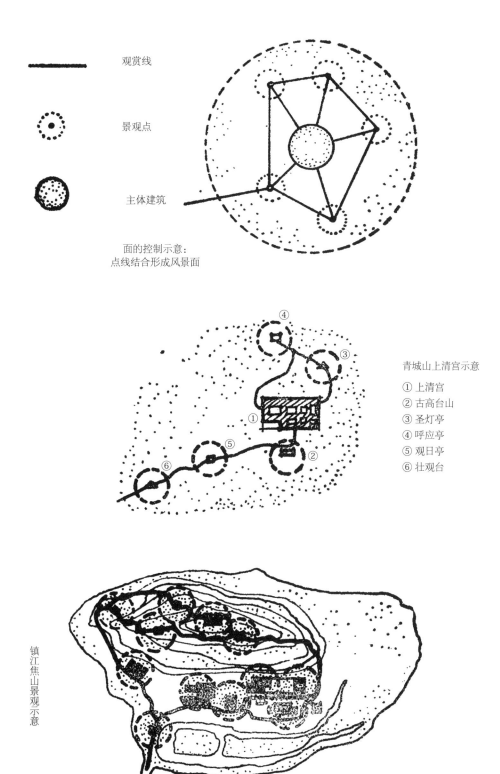

观赏线

景观点

主体建筑

面的控制示意：
点线结合形成风景面

青城山上清宫示意

① 上清宫
② 古高台山
③ 圣灯亭
④ 呼应亭
⑤ 观日亭
⑥ 壮观台

镇江焦山景观示意

图 98 面的控制例证

景观立体布局图

图99　青城山景观体的控制例证（1）

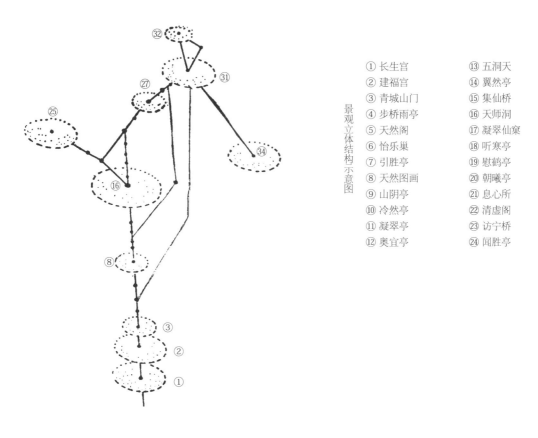

景观立体结构示意图

① 长生宫　　　　⑬ 五洞天
② 建福宫　　　　⑭ 翼然亭
③ 青城山门　　　⑮ 集仙桥
④ 步桥雨亭　　　⑯ 天师洞
⑤ 天然阁　　　　⑰ 凝翠仙寨
⑥ 怡乐巢　　　　⑱ 听寒亭
⑦ 引胜亭　　　　⑲ 慰鹤亭
⑧ 天然图画　　　⑳ 朝曦亭
⑨ 山阴亭　　　　㉑ 息心所
⑩ 冷然亭　　　　㉒ 清虚阁
⑪ 凝翠亭　　　　㉓ 访宁桥
⑫ 奥宜亭　　　　㉔ 闻胜亭

㉕ 祖师殿
㉖ 卧云亭
㉗ 朝阳洞
㉘ 壮观台
㉙ 观日亭
㉚ 古高台山
㉛ 上清宫
㉜ 呼应亭
㉝ 圣灯亭
㉞ 玉清宫

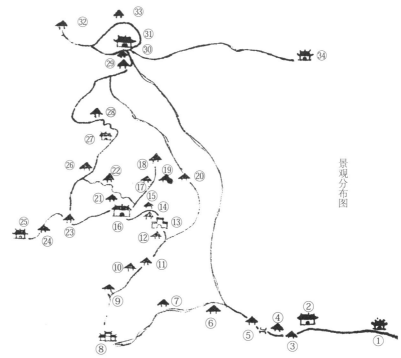

景观分布图

图 99　青城山景观体的控制例证（2）

（二）抓住要害，占据制高点、转折点、特异点、空白点

在寺庙园林环境中，解决有限人力和浩大空间的矛盾，是以少胜多，以一当十，用点、线、面、体来控制景观全局。其关键在于抓住要害，占据地形的制高点、道路转折点、风景特异点和景观空白点。

（1）占制高点

制高点地势突出，易成视线吸引中心，且有较广阔的视野，赏景范围广，借取景观多，故以小筑占制高点，既构成突出的景观，成为风景中心，又可于其处极目四野，一览附近风光。

山林地中的制高点，其一是局部环境的制高点，则其控制的空间范围小。如青城山息心所，建在一突兀的小峰尖上，四周是高矗的山峦，游人在此可很好地观赏周围清宁幽邃的景色，控制了附近的自然山林景观（图100）。

其二是较高的山口崖畔。其控制的场面稍大，往往成为远远山道上的对景，吸引着远近游客。青城山"天然图画"一景，以雄秀的牌坊，矗立于长长的石级上，占据了两峰夹峙的山口，成为半山道上十分突出的景观。游人长途攀登后于此驻足，耳听近旁松涛鹤鸣，极目山内外美丽风光，令人心旷神怡（图101）。

其三是整个旅游区的制高点。山林环境的主峰，其视野最开阔，控制场面更广，往往能波及到山外很远，是整个旅游区的制高点。抓住这点能更有效地扩大控制场面。

峨眉的金殿，位于三千多米的主峰上，虽然体量不大。因地势高拔，又以金光灿灿的铜瓦作屋顶，不但可在此极目千里，看到白雪皑皑的贡嘎雪山、宛如玉带的青衣江，而且在方圆百里内，都可看见高入云霄的金顶，在阳光下闪烁发光。这一小体量的建筑，其影响波及如此之远，实属以少胜多的佳例。

（2）占转折点

交通要道和转折之处，因景观和行进方向突变，常成为引人注目之点。以景观建筑占据此交通要冲，视线同时可"扫描"几个方向，借取各路上景观，又可同时吸引几个方向的视线，引导几条道上游人的去向，成为几条道上的对景，占此一点，即控制了几面，充分发挥建筑各立面的构景作用（图102）。

四川乐山乌龙寺，山道在翠竹林中曲折蜿蜒，在半山石级转折处建止息亭，成为上下山路视线收束中心，同时控制了两个方向幽雅的风景（图103）。

峨眉山九岭岗，建在去洗象池的两条主干道的交汇点，成为三个方向上的对景，同时又成上下山游人的歇息之处（图104）。

峨眉清音阁的双飞亭，建在道路的十字交叉点，两侧与双飞虹桥毗邻，上可仰望雄崎山腰的大雄宝殿，下可俯览挺立水边的牛心亭，左眺右望，可收四时山色入怀。两层玲珑精巧的方亭，又成为四面道路上的对景，做到四方有景可观，四面皆成景观，是为"双桥清音"的景观控制中心（图105）。

前述昆明西山龙门，在每条道转折处，都以建筑构景，也是占据转折点的很好实例。

息心所建在小山峰上，控制了周围环境

图 100　青城山息心所

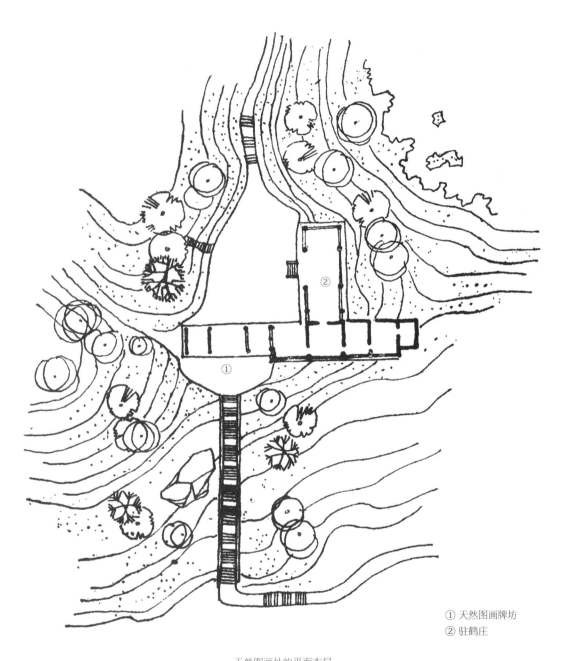

① 天然图画牌坊
② 驻鹤庄

天然图画处的平面布局

图 101　青城山天然图画的景观（1）

天然图画牌坊

图 101 青城山天然图画的景观（2）

非转折点，单向控制　　　　　道路转折，双向控制　　　　　道路交叉，多向控制

图 102　占道路转折点的示意

止息亭

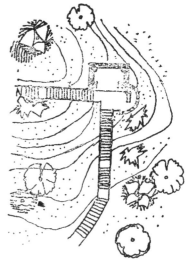

平面图

图 103　道路转折点上的乐山乌尤寺止息亭

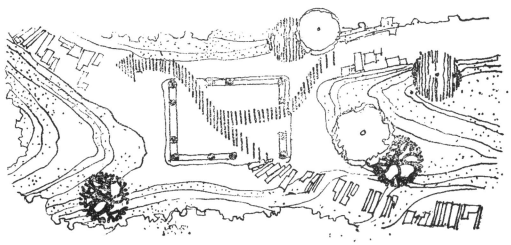

图 104　三叉路口处的峨眉山九岭岗路亭

从大雄宝殿看双飞亭

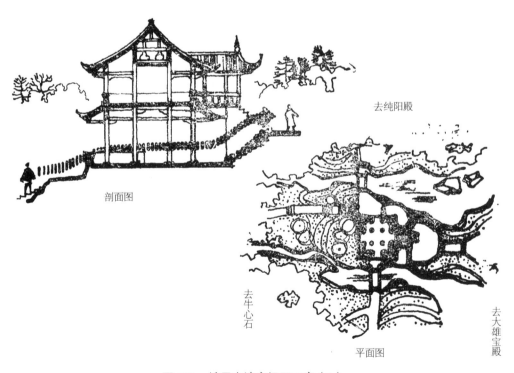

剖面图

去纯阳殿

去牛心石

平面图

去大雄宝殿

图 105　峨眉山清音阁双飞亭（1）

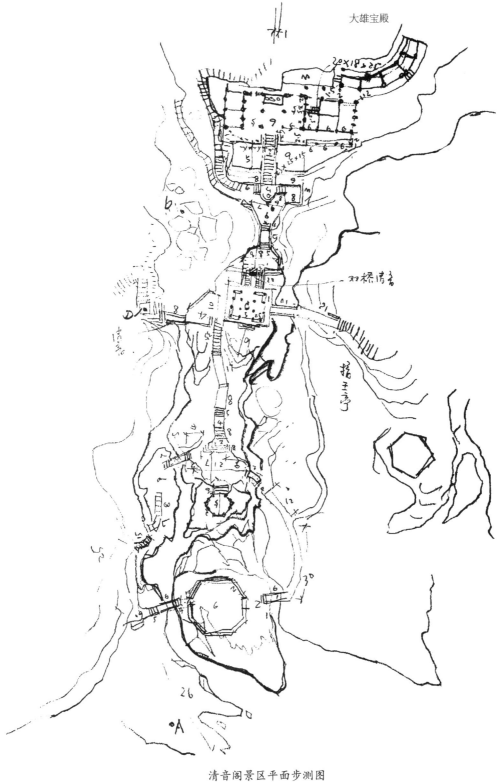

清音阁景区平面步测图

图 105 峨眉山清音阁双飞亭（2）

黑龙江栈道原始速写

图 105　峨眉山清音阁双飞亭（3）

黑白二水洗牛心景观速写

图 105　峨眉山清音阁双飞亭（4）

（3）占特异点

自然环境中，景观和地貌特异点，会给人清新奇异的强烈感受，自然而然地吸引着人的视线，成为游人竞相趋至之处。以得体的景观建筑占据此地，自然美得以人工点缀烘托，更使景观增添异彩而突出醒目。镇江金山寺后山有一岩洞，讹为白蛇修炼处，在洞前水边筑一玉带桥，洞顶建一纤巧之亭，成为控制后山的"白龙洞"景观（图106）。

图 106　镇江金山寺白龙洞及玉带桥

　　"黑白二水洗牛心"是峨眉清音阁的奇异景观。牛心石是两江交汇处的奇石。湍急的江水直泻而下，冲击着"牛心石"，激起高高的雪白浪花和如雷的轰鸣。在牛心石近旁的岸上建牛心亭，占据了这一奇特景观，既点景，又提供了观赏点（图107）。

　　占据景观特异点，除建筑手段外，以人工雕凿岩碑刻和宗教小品点缀，更是"点石成金"的经济手段。

图 107　峨眉清音阁的牛心亭和牛心石

峨眉神水阁玉液泉上，架立两大巨石，清泉从石下汩汩涌出，石上雕凿了传为苏轼手书的"云外流春"大字，寥寥一点，遂成峨眉山一胜景。在仙峰寺林间道上，两堵石墙相峙若门，道路从中过，岩石上凿"仙圭"两大字，顿使山景获得生气。这种人文手段的点缀不但占据了景观特异点，而且把风景点活，造成趣味盎然的具有文化艺术气息的人文景观（图108）。

（4）占风景空白点

游程中，景观空白点过多，行程太长，会因景色单调贫乏而令人感到荒僻冷清，易产生疲劳，冲淡游兴。以建筑景观填补这些空白点，能打破景色单调断续状态，使风景意趣延续不断，从而保持游人旺盛的游览兴致。青城山游览线上风景的薄弱环节处，都有山亭点缀，构成景观。如山林中的山阴亭、冷然阁、崖畔的冷然亭等，都占据了游览线上冷僻之处，控制住了自然环境中人迹所到的每个角落（图109）。

峨眉神水阁玉液泉景观

峨眉仙圭石景观

图108 以"点石成金"手段构成景观

图 109 青城山冷然亭

第三节
利和弊

寺庙园林环境，借助自然景貌构景，"自成天然之趣，不烦人事之工"，是其有利的条件。但因此对自然环境具有较大依赖性，受其制约，这又是其不利的一面。自然环境难免有美中不足之处，难免会遇到对构景条件不利的地形、地貌，故寺庙园林环境中建筑布局，视线安排，空间质量等都会受到地形地貌带来的不利因素影响和限制。如何在自然环境中扬长避短，变不利为有利，是寺庙园林环境构景中经常需要解决的课题。

（一）改造边角地段，变"死眼"为"活眼"

曲折高下复杂多变的自然山林，尽管结合地形，精心进行建筑布局，仍难免留下边角地段，成为景观"死眼"。园林的景观布局，尤如弈棋，一子"死眼"，影响全局。重视边角的经营，尽量少对地形加以斧凿，略以建筑和小品稍加点缀改造，常能变"死眼"为"活眼"，为风景全局增色。

乐山乌尤寺庙门，一面绝壁临江，一面山崖堵塞，建天王殿后，剩下一块很难处理的死角地段。这里巧妙地点以一组造型丰富的建筑小品，变"死眼"成"活眼"。

首先，正对入口建一修直的弥陀小殿，屏遮住崖嘴，构成入寺后第一景观。殿的造型小巧细高，适应了地形狭窄，又与殿内笑容慈祥的弥陀立像协调。为了更好地展开景观，又有意加高了天王殿后壁拱形门洞，使小殿和佛像透过门洞，正好落在最佳视角内。在小殿前，视线一转折，青衣亭翼然伫立在临江的边角上，玲珑剔透的造型与江面美景组成一幅动人的画面。在亭内眺望江景后，猛回头，又能看见崖壁上凿刻的苍劲有力的书法，这就占据和点缀了大殿后侧的死角。游人再向寺内望去，道路一边是镶满名家诗词字画石刻的粉墙，遮掩了道旁的山崖，与另一侧有茂密的翠竹相夹，形成一条幽深的甬道。

甬道尽头矗立"孤峰卓立"过楼，成为狭长空间的收束和这一景区的结尾。这样寥寥几笔，把一段难处理的边角变成空间多变景观丰富的"活眼"，可见其构景匠心（图110、图111）。

寺内的罗汉堂左侧也是一边角地段，在此地见缝插针，点缀旷怡亭、尔雅台和听涛轩，占据死角，借取江景，把墙后屋角的风景点活，成为寺内景色佳地。游人在此，心旷神怡（图112）。

乐山大佛寺香道弥勒殿处，道路转折，殿旁墙后成一碍眼的角落。此处借墙角筑一水池，集崖上滴水于池中，水花飞溅的崖壁上，雕刻了"雨花台"三个大字，作为点缀景观的小品，把碍眼的角落，变成了悦目的景观（图113）。

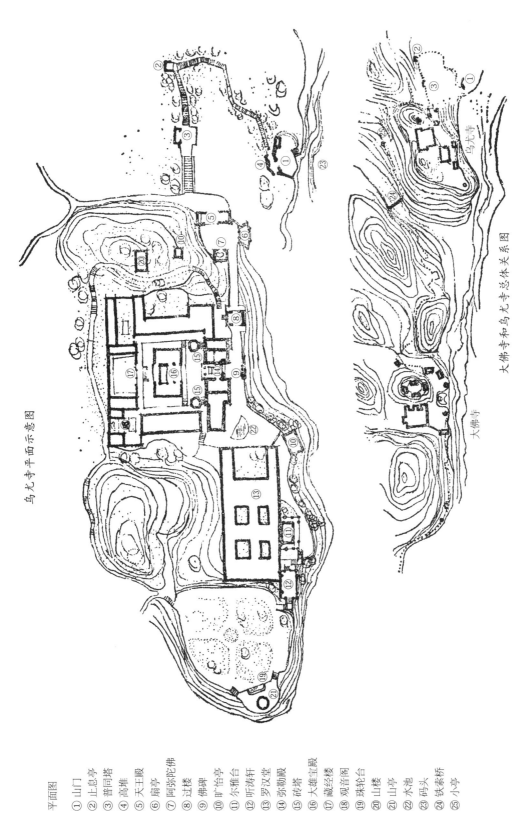

乌尤寺平面示意图

大佛寺和乌尤寺总体关系图

图 110 乌尤寺

平面图
① 山门
② 止息亭
③ 普同塔
④ 高堆
⑤ 天王殿
⑥ 弼亭
⑦ 阿弥陀佛
⑧ 过楼
⑨ 佛碑
⑩ 旷怡亭
⑪ 尔雅台
⑫ 听涛轩
⑬ 罗汉堂
⑭ 弥勒殿
⑮ 砖塔
⑯ 大雄宝殿
⑰ 藏经楼
⑱ 观音阁
⑲ 珠轮台
⑳ 山楼
㉑ 山亭
㉒ 水池
㉓ 码头
㉔ 铁索桥
㉕ 小亭

平面图

① 天王殿
② 弥陀殿
③ 青衣亭
④ 过楼
⑤ 无量寿佛石刻

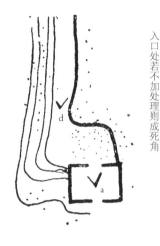

入口处若不加处理则成死角

a 点景观示意（入口处被山岩堵死）

a 视点景观（弥陀殿掩住山岩）

图 111　乐山乌尤寺入口处理（1）

仁立江畔的青衣亭

青衣亭剖面图

图 111　乐山乌尤寺入口处理（2）

c 视点景观
及佛殿剖面图

d 视点景观示意

不加处理则显得荒芜

d 视点景观

e 视点景观

图 111　乐山乌尤寺入口处理（3）

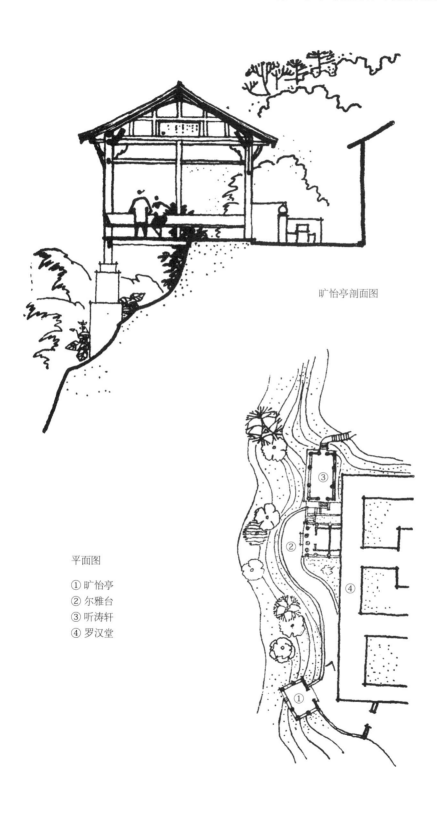

旷怡亭剖面图

平面图

① 旷怡亭
② 尔雅台
③ 听涛轩
④ 罗汉堂

图 112　乐山乌尤寺罗汉堂一侧的景点处理（1）

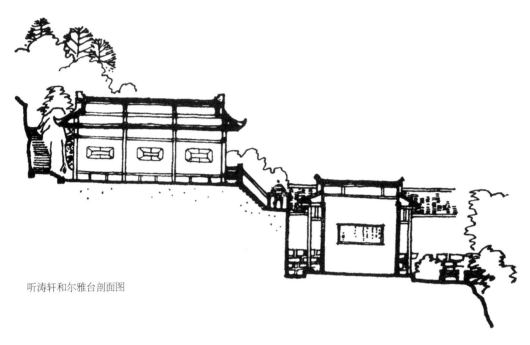

听涛轩和尔雅台剖面图

旷怡亭景观

图 112 乐山乌尤寺罗汉堂一侧的景点处理（2）

平面图

a 视点景观

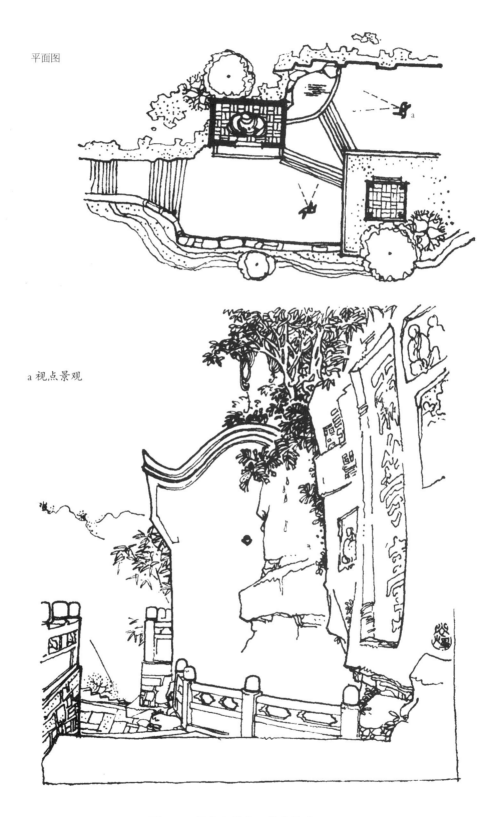

图 113 乐山大佛寺雨花台景观

四川雅安金凤寺内达摩殿一侧，建筑和山崖间也留下一角落。此处积一小潭，其中点以拳石，潭边架一小亭，又以回廊花墙围成不规则的庭园。透过回廊，可借景殿后花园和半山上的重檐方亭。游人于此歇息品，甚为得趣（图114）。

苏州虎丘石观音殿后，也余一狭窄边角，紧紧濒临岩谷。这里借岩下一眼泉水构景，以月门云墙围合成一风景点，在岩上挤出一掌之地建一方亭，亭后紧贴观音殿墙上，以藤萝覆盖，消除了空间的堵塞感，再加以石阶穿插，直临泉边。这一狭窄边角经此加工，变成誉为"天下第三名泉"的胜景（图115）。

（二）控制观赏视线，改变景观质量

自然环境中，地形地貌多变，同一地方常可能产生景观好环相差很远的状况，给寺庙园林环境的构景带来有利又有弊的因素。对此，时常采用"摒俗收佳"，控制观赏视线来改善景观质量。

成都武侯祠大殿侧有一荷花池，池边绿柳婆娑，回廊曲岸，风景甚为佳丽。但大殿左侧是一大土堆，相传为刘备坟。其体积硕大不雅，体量上压倒了两大殿，气氛上与园景极不协调。于是在此处以云墙遮住坟堆，筑成近百米弯曲的甬道，控制住人们的视线，人们经过长长的甬道渐渐过渡而转到刘备坟前，使两部分的景观有分隔又有联系，过渡又十分自然。甬道两旁红墙翠竹，光影摇曳，人游此间，深感花木森郁，曲径通幽（图116）。以夹墙竹林形成甬道划分景区，控制视线之手法，在杜甫草堂、乐山大佛寺等处也可见。这是川中园林创作之颇具特色的构景手法。

青城山天师洞景区的五洞天大门，还采用视线的转折和引导办法来改善景观质量。五洞天牌门被山崖遮挡，门前道路急转，空间甚为狭促，景观无法展开。这里不对地形斧凿大改，而是巧妙地在道路转折处就树为柱，凌空架亭，形成了亭、桥和牌门联合控制的场景，通过视线的引导转折，把五洞天大门推出，既扩大了寺门所控制的场面，又保持了寺门隐奥幽邃的优点（图117）。

（三）调整空间关系，改善空间状态

寺庙园林环境中，常由于自然地形条件的影响，或是地势狭窄，崖壁紧迫，或是沟谷狭长，借景物少等情况，而出现空间狭促，景观单调，建筑咄咄逼人等等不利的状态。这里，调整改善空间状态，以利景观和建筑的展开，打破景观的单调沉闷，是常常采用的有效措施。

镇江甘露寺位于山尖，地形窄小，寺背面朝着江景，为让开寺后的风景面，建筑群尽量前靠，以至寺庙门前形成一条狭长而单调的通道。为了改变这种不利状态，通道上以五道不同门道的墙，切割和调整空间，又点缀以两个半亭，打破景观的单调。从道上望去，门洞层层，造成了极其深远有趣的空间效果（图118）。

青城山"步桥雨亭"处，山道狭窄，视野紧迫，景色单调，空间无序，而使人感沉闷和闭塞。这里以山亭、虹桥和岩石组合，分割和调整空间，以改善其不利状态。游人从山道来，首先听到溪水潺潺泉鸣声，又看见巉岩夹道；待山路回转，突然从岩石后飞出一亭角，树干为柱，树皮为盖，甚为奇巧。人们急步绕过山崖，眼前豁然舒展，埋伏两边的虹桥和雨亭，突入眼帘。翠光亭、雨亭、虹桥和岩石在此各挡一面与林木山崖结合，围成了山谷中一个丰富完整的自然空间。景观层次的变化，空间有趣的组合，打破了山谷中单调和沉闷的气氛（图119）。

灌县二王庙背倚玉垒山麓，面临都江古堰，山势陡急，逼临岸边。道路从门前紧贴江水而过，寺庙山门的景观无法展开。这里别开生面，将山门退至山坡上，让出了门前空间，增加了门面的气势。为补填山门后退所造成的景观空白，正对往来道路，建两座造型美观的牌楼门，作为道路上的对景，再沿江堤筑以亭廊，围合成寺门前独立小院，在这个较小的空间内，小巧的牌门与高耸的山门形成强烈对比，把山门烘衬得更巍峨壮观（图120）。

空间、景观、自然环境，这三大造园基本要素，在园林环境的规划设计中，恰当利用它们的相反相成的互补关系，往往会起到对整个景观全局的关键影响作用，这应该成为我们研讨几千年传统园林文化的主要课题。

a 视点景观

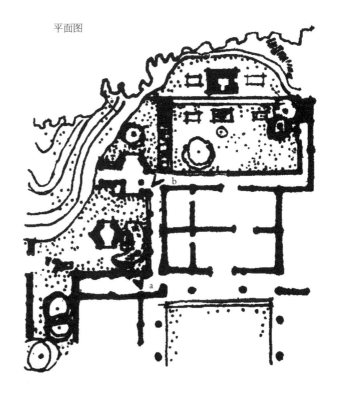

平面图

b 视点景观

图 114　四川雅安金凤寺达摩殿一侧景点处理

a
视
点
景
观

平
面
图

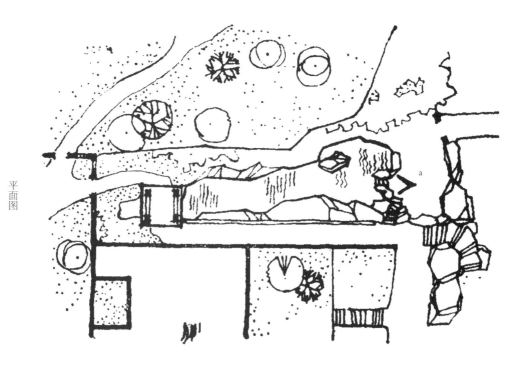

图 115　苏州虎丘第三泉

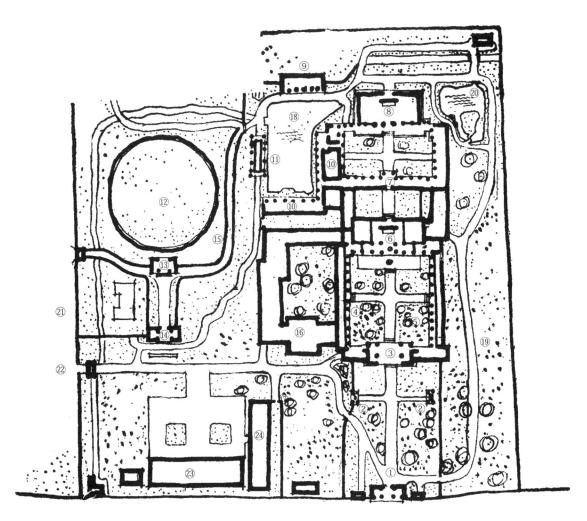

平面图

① 大门	⑤ 文臣廊	⑨ 桂荷楼	⑬ 昭烈祠	⑰ 琴亭	㉑ 公园
② 碑亭	⑥ 刘备殿	⑩ 水榭	⑭ 祠大门	⑱ 荷花池	㉒ 小门
③ 二门	⑦ 过厅	⑪ 船舫	⑮ 甬道	⑲ 竹径	㉓ 展览室
④ 武将廊	⑧ 诸葛殿	⑫ 刘备坟	⑯ 茶室	⑳ 水池	㉔ 办公室

图 116　成都武侯祠（1）

光影婆娑的幽径

武侯祠荷花池景观

图 116　成都武侯祠（2）

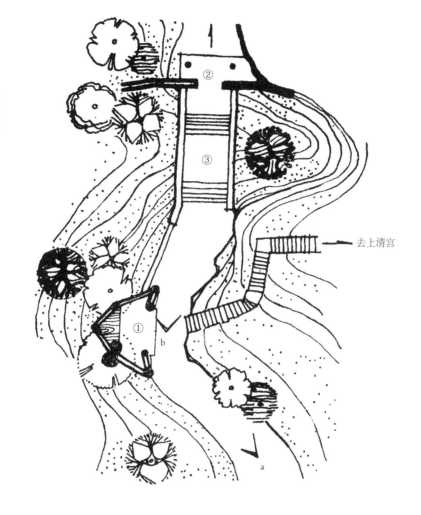

平面图

① 奥宜亭
② 五洞天
③ 石拱桥

去上清宫

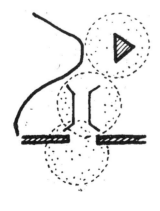

联合控制的场景

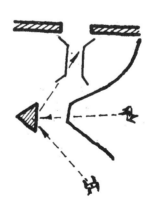

视线的转折和递进

图 117 青城山五洞天景观（1）

从 a 视点看奥宜亭

图 117　青城山五洞天景观（2）

从 b 视点看五洞天

图 117 青城山五洞天景观（3）

b 视点景观

平面图

a 视点景观

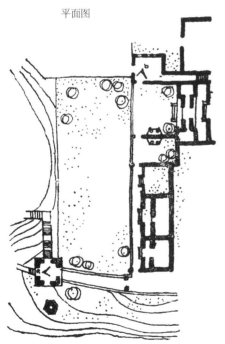

图 118　甘露寺庙门处理

空间分析

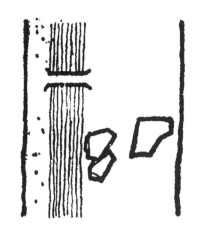

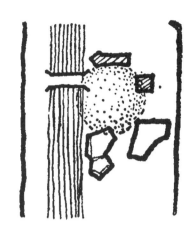

雨亭所在点不加处理，则空
间狭长，景观分散

点缀路亭后，空间和景观显得
集中、多趣

图 119 青城山步桥雨亭的景观处理（1）

步桥雨亭原始速写

平面图

① 雨亭
② 翠光亭
③ 虹桥
④ 清溪

图 119 青城山步桥雨亭的景观处理（2）

图 119　青城山步桥雨亭的景观处理（3）

b 视点景观

图 119　青城山步桥雨亭的景观处理（4）

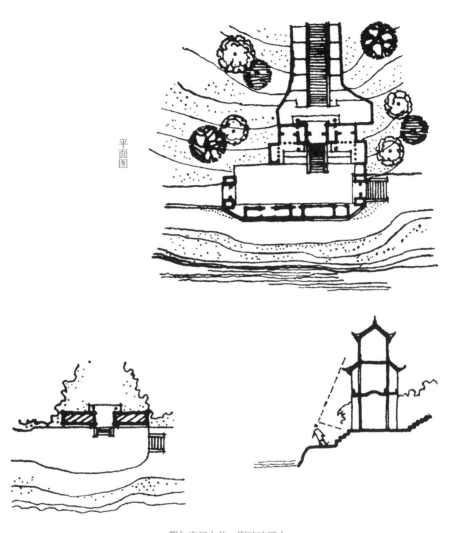

平面图

假如庙门太前，则咄咄逼人

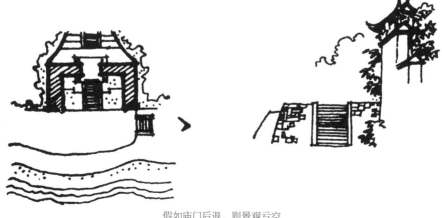

假如庙门后退，则景观亏空

图 120　灌县二王庙入口处理（1）

现在填空补白，改善观赏

再围成小院，突出大门

图 120 灌县二王庙入口处理（2）

续章

一、三十多年来宗教和寺庙的变化

（一）宗教和寺庙在功能和结构上的变化

"三十年河东，三十年河西"。三十多年来，中国大陆起了翻天覆地的变化。改革开放后，中国正处于千载难逢的时代，但在建设美丽的生态家园、环境景观事业大发展的机遇中，寺庙园林风景区面临的新局面：除旧迎新和墨守陈规并存；唯物和唯心哲学思想并存；风景旅游、游山玩水和拜佛念经、独自清修并存；古建维修保护和乱修瞎搞的甚至破坏性的建设并存……此是当今形势下寺庙园林风景区开发建设的重大问题。

自古名山僧占多。寺庙的功能首先体现在是为宗教香火，其结构是以三大殿为建筑主体的寺院，其布局是在山林中依山傍势，如串珠把自然美景，不拘一格组合起来。可以多是"山包寺"格局，然也不乏"寺包山"之例，其色彩是和山林相协调和谐，相得益彰。

然而，改革开放以来，市场经济对宗教圣地污染，旅游公司攻占了圣地净土，狂躁的世态，侵入崇山峻岭，寺庙的功能结构也起了极大变化。现代日常生活和失落的传统之间，存在巨大的隔阂。现代生活是多元追求，多维思考，自我为中心；宗教是一心虔诚崇拜，自然随欲，随缘为基本诉求。

社会的巨大变革，商业化紧紧跟进，营造了巨大的游量，学术理论界，山头林立，现在更是风吹水起，"风水"这古老理论，被贴上新标签，绝对化地定位是"景观建筑学"。这也许是孤例，然而，新理论、新理念在很大程度上误导了寺庙园林发展。潮涌潮落，这是大流！

新理论理念带来原寺庙色彩的根本变化，原来和自然绿色和谐的灰瓦粉墙，不同地域不同等级的寺庙色彩虽有变化，但仍与环境保持协调关系，这是千年古文化中贯穿的天人合一体现。现在古香古色的庙宇，多变成鲜艳的红红绿绿的闹市，屋顶也不分等级的乱用金色琉璃、重檐叠楼，视觉污染和生活垃圾污染了清静的山林庙堂，污染了原生态寺庙园林环境。

原有的交通系统虽在不断扩建新修，但在全民出游时，特别每逢节假日，寺庙内千头攒动，摩肩接踵，香道上是万人游行，步移困难，游客行动被迫受阻，往往驻足不前，原寺庙园林结构已经不适应新的形势。

（二）游人信众的构成发生根本的变化

时间倒退三四十多年前，经过破除迷信，寺庙衰败，僧人还俗，寺庙多成为人迹罕见之地。四山五岳，拜佛修行的信众已是稀少。除去一些有名古刹，留有少数人员管理外，到庙里来的人，仅是一些古建筑和宗教研究的人士，当时的服务业和交通状态，也局限了游山玩水的游量。

改革开放之后，信仰自由，搞活市场经济，给寺庙带来生机，寺庙的游量也飞速发展。同时游众的层次，亦起了巨大的变化。潜心修炼，烧香拜佛的人众比例，急剧减小。二三十年前，香客可能占七八成，游山玩水的占二三成。这个局面渐渐颠倒，成为倒三七。游客年龄段也在逐渐变低。

尤其随着高精尖科技发展，寺庙景区交通设备得以大大改善，烧香拜佛的和观光旅游的，同时大幅度增加，寺庙为吸引更多游客，设立新景点，编改新传说，新编八景十景，稀奇古怪的名称，以引诱人专来猎奇探险，看稀奇古怪，层出不穷。步行车道增加，索道缆车新建，为满足刺激需要，以至近年在名山大川上，出巨资架透明玻璃栈道吸引游人。

"自古华山一条道"，现亦不复存在。高空索道开辟了多条道。为强化"华山天下第一险"，华山的千年长空木栈道上，建铁链挂登山绳，让人高悬上下，以吸引大量游客，甚至吸引外国游客来体验奇险。

外加媒体竞争攀比，推波助澜，年轻一代探险上瘾，新型手机的出现，游人自拍摆姿势，自编上网展示，不亦乐乎！

如此种种，表现了寺庙园林风景区的游众结构产生了根本变化。

（三）寺庙经济的管理机构根本的变化

三十年来，寺庙的管理机构也发生根本变化。

千百年来佛教对佛、法、僧的三皈依，反映出寺庙虽称为红尘外，但其的管理机构和世间社会结构相似，是单一系列的佛、佛法、僧人的管理机构，实质是思想、法律、法人的一脉化管理。

管理机制上，从住持到大和尚，知客僧到公关，到财务管理，直到小沙弥，不亚于尘世上管理机制，机制森严，密不透风。

但现代文明冲击了人间社会，也冲击了宗教世界，给中国寺庙带来的震荡，亦无可辩言。现实中是宗教和市俗，出家和居家，政界和教界，清灯古佛和商业市场并立。虽然寺庙自古有寺产地界，但时间长久的侵袭，大多寺庙已失去早先的规模。寺庙产业管理，已经不是单一的机制，这个问题复杂，这里不多探索。

寺庙在结构，游众和管理机制上的变化，必然引起寺庙园林环境的巨大改变。

就连香火尺寸，也从线香变为碗口，到手臂粗。巨大利润驱使商家趋之若鹜，以致不顾环境条件，无视游人安全，争相比攀，建造奇险庙宇建筑、高大尺度佛像和不伦不类的主题公园等。巨大利润的同时，也带来了巨大的环境污染，乌烟瘴气乃成为寺庙环境的重大问题。

纵观现实里的巨大变化，寺庙园林化了的景观环境，如何结合各方面的需求，如何借用高科技大数据的威力，打造新的寺庙园林景观，我们还须追忆过去，对原有的传统必须再仔细研究，这是本书第2次出版时，作者的最终希望。

二、补遗

翻阅旧物，当年留下的考察笔记和速写里，三十年前后对比强烈反差，促成原著之补遗。

（一）殿堂朴素藏淡妆，旧留梵音香

旧香萦回半世纪，故纸检出1958年的伏虎寺路坊山门速写（图1）。

图1　伏虎寺山门早年速写

漫步报国寺外，香烟缭缭，林木清秀（图2）。

图2　报国寺外林木清秀（1）

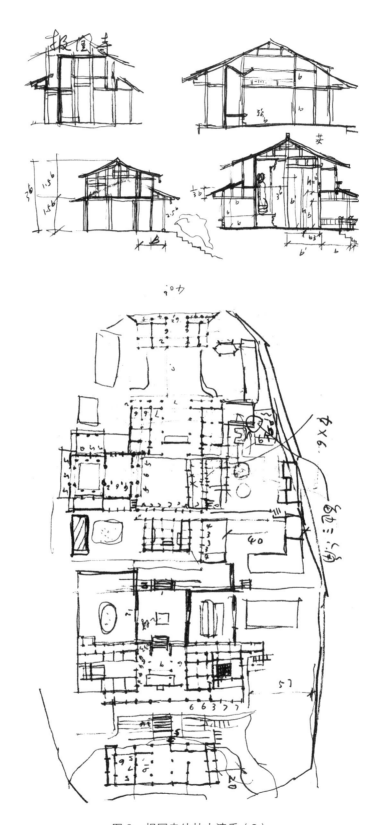

图2　报国寺外林木清秀（2）

伏虎寺虎溪桥，溪水潺潺，虎视眈眈（图3）。

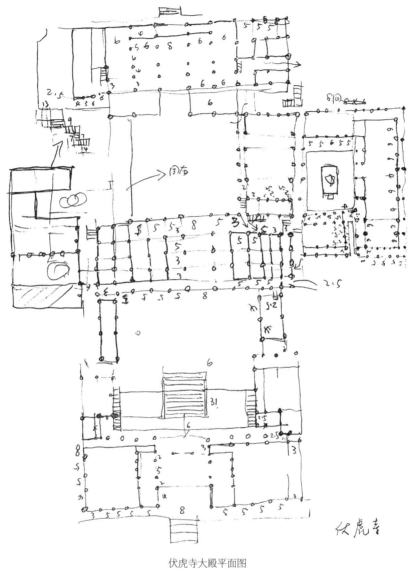

伏虎寺大殿平面图

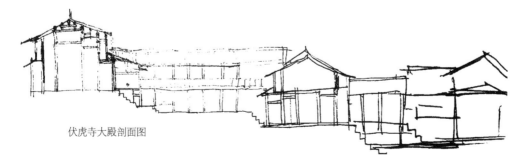

伏虎寺大殿剖面图

图3 伏虎寺总平面、虎溪桥及大殿平面图（1）

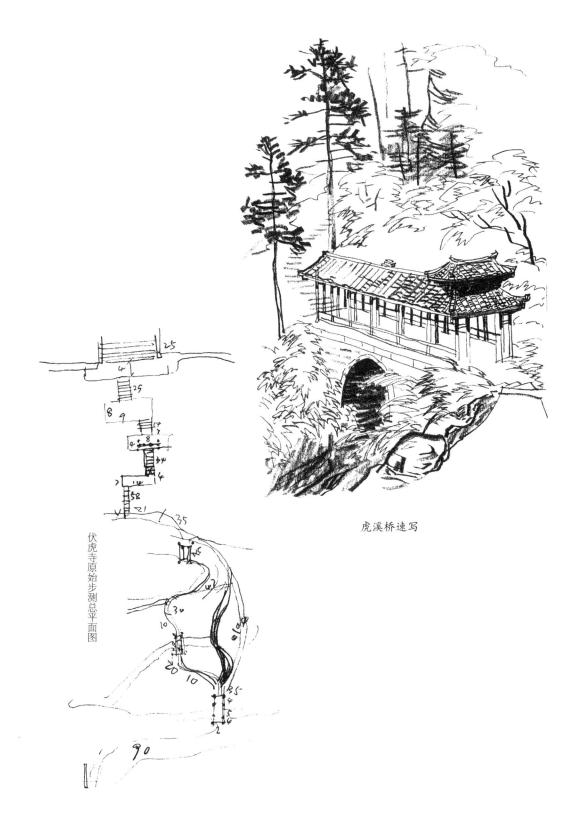

虎溪桥速写

伏虎寺原始步测总平面图

图3 伏虎寺总平面、虎溪桥及大殿平面图（2）

密密林，曲曲道，质朴小庙（图4）。

高崖下的寺庙（图5）。

峰回路转，崖石引道，现出崖样的寺庙，万年寺远眺（图6）。

图 4　密藏小庙

图 5　古庙山高　　　　　　　　　　　图 6　万年寺远眺

接引殿如指路山民，接引人去更高的山峰（图7）。

山间空地太子坪，似庙非庙的清秀小庙（图8）。

狭窄小路引到洗象池，建筑犹如山崖上长出（图9）。

图 7 接引殿

图 8 太子坪清秀小庙

图 9 洗象池前景

洗象池名誉天下，入口却仅是一石坎围抱的平台（图10）。

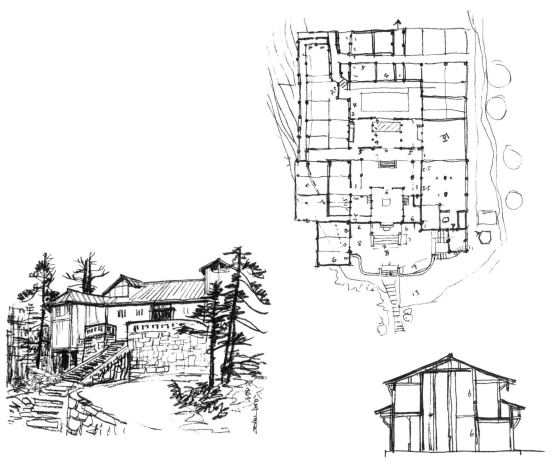

图 10　洗象池入口平台

高山云弥漫，小庙卧云庵（图11）。

图 11　小庙卧云庵

山道转折，飞露庙角檐（图12）。

雷音古寺现真颜，重重石台阶林立木架构（图13）。

图 12　雷音古寺庙角檐　　　　　　　　图 13　雷音古寺

民居和殿宇风格协调的慈圣庵（图14）。

图 14　慈圣庵

小庙初殿，架在岩上，石基青松为伴（图15）。

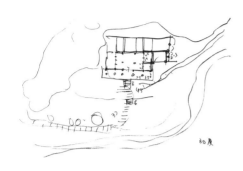

图 15　小庙初殿

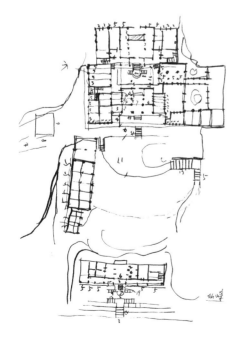

重重台阶，层层出檐，仙峰寺构架和地势结合（图16）。

图 16　仙峰寺

泉水叮咚，水啸山色空（图17）。

图 17 神水阁

纯阳殿檐飞气雄，青松挺立烟雨中（图18）。

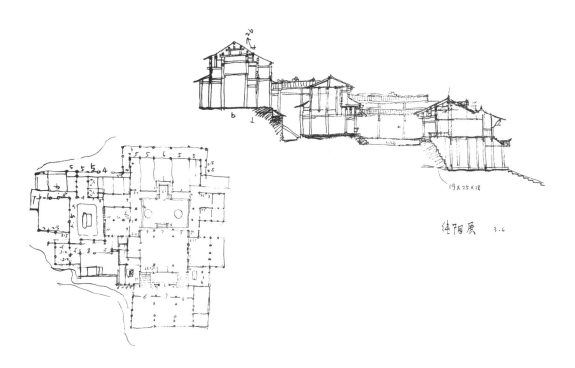

图 18　纯阳殿

（二）青城空谷鸟啾啾，亭素环境幽

青城树皮亭和山林环境结合，骨清气雅，透出天下闻名的"幽"（图19）。

青城树皮亭风格山门，材质取于自然环境，实乃天下仅有（图20）。

五洞天处集仙桥，飘逸道家仙气幽（图21）。

图 19 青城树皮亭"幽"

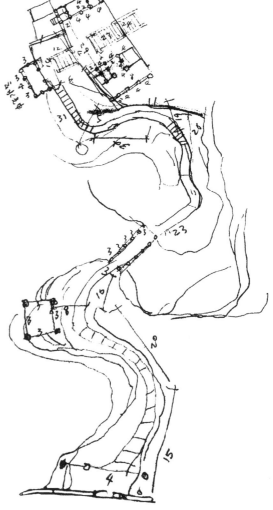

图 20 青城树皮亭山门

图 21 五洞天集仙桥

和环境山岩小道古树协调的山阴亭（图22）。

步桥雨亭速写（图23）。

图 22 山阴亭

图 23 雨亭步桥

高山谷空，呼应亭上百鸟回应（图24）。

古山道传说古老，掷笔槽景色更幽（图25）。

永远在时空中哭泣的洗心池，现已在游船湖底（图26）。

三岛石和洗心池平面图（图27）。

图 24　呼应亭 　　　　　　　　　图 25　古山道掷笔槽

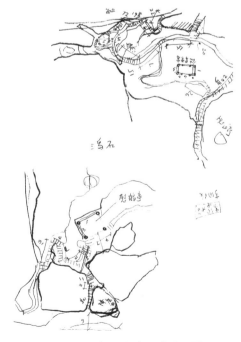

图 27　三岛石和洗心池平面图

图 26　洗心池

山顶的圣灯亭，遥望更高的大面山峰（图28）。

青城的树皮亭形式素雅造型独特，造就"天下幽"（图29）。

图 28　圣灯亭处景观

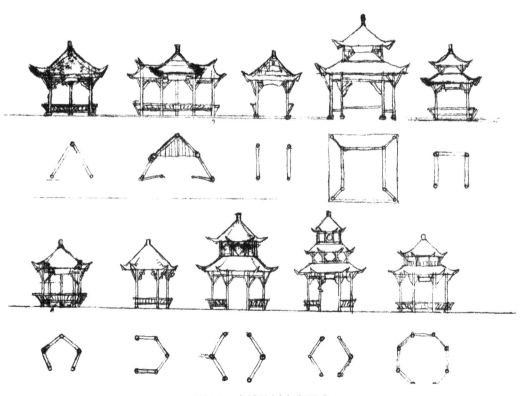

图 29　青城的树皮亭形式

青城高山古台幽，幽幽风光尽兴收（图30）。

图 30　古高山台

（三）青松苍翠白云缭，植被随环境高程多变

山高坡陡，植被多变，一派环境"法自然"（图31）。

图 31　山高坡陡，植被多变

山道弯弯，古松树遮天（图32）。
道旁古松树和树下多叶灌木对比（图33）。
山石古木和山道配合默契（图34）。

图32　遮天古松树

图34　山石古木

图33　古松树和多叶灌木

林间小路导向殿堂庙宇（图35）。

枯藤老树，迷茫路，最是秀色迷人处（图36）。

原木小溪，配以古道山石，造"大道至简"景色（图37）。

迷茫路，小路通向尖峰（图38）。

图 35　林间小路

图 36　枯藤老树

图 37　小溪古道

图 38　小路通向尖峰

林茂密少人迹（图39）。

层次多变的自然植被景色（图40）。

图 39　古木小庙

图 40　层次多变植被

危崖下的丛密森林，远方是半壁崖（图41）。

古道穿上悬崖，高崖植被景色渐变（图42）。

仙圭石点缀山林，道路穿崖过（图43）。

植被掩盖山崖和道路，和自然融为一体，大道天成（图44）。

图 41　半壁崖

图 42　古道穿悬崖

图 43　仙圭石

图 44　古风曲路

（四）峨眉金顶拜古佛，山道景色秀

古径绿苔掩石级，林木野花游人稀（图45）。

山道梯梯插入云，古松频频躬身迎（图46）。

云飞雾荡金光现，道旁崖石刀剑断（图47）。

图45　峨山古径

图46　峨眉山道

图47　古道断崖

峨眉山姑淡淡妆，险崖绝壁魂飞扬（图48）*。

崖高山陡云弥漫，金顶华藏浮峰尖（图49）。

图 48　梳妆伴临深渊

图 49　金顶云飞

* 愈两千米绝壁下枯骨长苔，早我到此几天前的五一节，重建工一教师荣教授，来此尝心，不小心跨出亭一步，坠落崖底，身无完骨。

悬崖摩天三尺平，古寺危立断崖边（图50）。

华藏古寺峰如剑，钟鸣声声绕山峦（图51）。

图 50　崖高山险

图 51　远眺古华藏寺

千辛万苦步步险，华藏古寺现眼前（图52）。

心中的古佛，祥和巍然。铜铸镏金普贤菩萨和坐骑六牙象，造型古色古香（图53）。

图 52　千辛万苦，拜倒古寺前

局部速写

图 53　古佛普贤菩萨

结束语（第1版）

　　长期以来，人们总是习惯于把帝王苑囿和私家园林列为传统园林的两大组成，而没有把寺庙园林环境纳入传统园林艺术的范畴。寺庙园林环境这份珍贵的文化遗产，迟迟未得到人们应有的重视，一直到最近，它的构景艺术和旅游功能才渐渐引人注目。

　　通过初步的探索研究，我们可以看到中国寺庙的园林环境经历了长期的发展。在选址、布局、构景手法、空间处理和建筑与自然有机交融上，形成了一整套丰富而独特的成功经验，取得了杰出的成就。这些经验和成就，对今天的园林艺术创作和环境美化设计，具有十分宝贵的借鉴价值，所以，寺庙园林环境在传统园林艺术中的地位不容忽视，应把它提高到与帝王苑囿、私家园林同等的高度。

　　通过对寺庙园林环境的摸索，也使我们看到，园林艺术与环境设计有着不可分割的联系。"园林环境"这一新概念，正反映了这种密切的关系，尤其是在现代建筑科学和环境科学急速发展的今天，园林构景艺术深深地渗透入各种类型建筑，渗入建筑的内外空间和建筑的个体、群体之中。园林构景艺术从过去仅着眼于大园、小园的经营中解放了出来，同现代化的城市规划和建筑设计，自然环境的保护、风景名胜的开发等等紧密地结合在一起，狭义的"园林"概念已不能适应这门学科的发展了。

　　"园林环境"这一新概念，恰好能起到接替作用，适应和概括了当前发展中形形色色的园林构景艺术类型。如波特曼的内院大厅和室内庭园，把园林绿化和景观小品等自然景色引进了建筑内部空间，构成室内景观环境；高层建筑在层间和屋顶上经营的绿化和园林景观，构成空中园林环境；地下建筑中开辟的园林景观，构成地下景观环境。随着四个现代化的实现，这些"园林环境"的新类型，也将在我国结合传统园林艺术的经验和手法，大大地发展起来，用以美化人民的生活和生产环境，达到室内室外园林化，城市大地园林化。

　　我们尚可设想，以园林环境为基础，结合环境设计和环境保护，自然风景区的开发、古建筑物的保护利用。城市建设和规划等，形成的新学科——"环境构景建筑学"，将在提高人民的文化艺术生活中，发挥巨大作用。

　　拙著仅是对我国古代的有关环境景观设计方面的初探。由于条件所限，也仅仅只对我国的部分寺庙进行了粗略的调查和草测。文中的插图大部分是本人的速写和草测图，个别的图参考和借用了有关的资料。著作的写作过程中，多蒙我的导师——哈尔滨建筑工程学院侯幼彬副教授的精心指导，本人表示衷心的感谢。本文曾吸收了清华大学朱自煊和周维权两位副教授以及重庆建筑工程学院白佐民副教授的宝贵意见。

出版资料中，重庆建筑工程学院李子女士，作为贤内助为本人提供了不可缺少的帮助，本人在此一并表示深切的谢意。

特别是建筑界老前辈，已故的哈尔滨建筑工程学院的哈雄文教授，在拙著的构思和写作过程中，都给予了深切的教诲和热情的支持，在此笔者寄以诚挚的哀思和缅怀。

1981年4月初稿

1981年6月二稿

1981年10月三稿

1984年12月终稿

后记（第2版）

三十八年前，孤身一人，两三件衣物，小黄书包为伴，纸笔速写本不离手，且走且画，有些仅仅寥寥两笔，来不及完成。

这些天重理当年收集的原始速写和记录，自己都惊！几百大小山林殿堂庙宇图稿，集成了大堆旧资料。

遥想当初，安全还不是问题，但我孤身一人，在荒山野岭，还得有意跑前避后，拉开想要搭缠的年轻游人！

而今，这些清凉世界，多少殿宇现在消失了，有些是不让开放了，对比当时，大幸！

现在即使有资金，看来也是不可能的了！这些片纸残文，无疑于我、于人是值得宝贵珍惜！

我们今天正处于千载难逢的时代，但在建设美丽的生态家园，环境景观事业大发展的时机中，如不清醒审时，不谙大象，顺应自然规律，盲目一窝蜂追时尚，赶潮流，以简单视觉冲击，曲直反攻，几何穿插，危言耸听，挖空心思生造理念，乱贴标签，草率地在园林学科里玩炒作，为金钱玩包装，迎合市场；盲目大反传统，反自然，把严肃的学科，变成电子游戏玩于手指间。这不仅终究反误己，更会误导未来几代，毁了民族心性，毁了大好山河，毁了自然环境。

为了生态环境洁净，我们，包括人类应该选择退后一步，主动尽责，为子孙后代留下一片净土。

这是我们当今不得不深思的严肃问题！

赵光辉

2019年3月18日于奥城奥室

主要参考文献

曹汛，1980. 略论我国古代园林叠山艺术的发展演变［C］//中国建筑学会建筑史学分会. 建筑历史与理论（第一辑）：12.

陈从周，1956. 苏州园林［M］. 上海：同济大学教材科.

陈从周，2008. 园林谈丛［M］. 上海：上海人民出版社.

陈麦，1957. 苏州庭园的艺术意匠［J］. 文物参考资料，（06）：46–51.

陈垣，2005. 中国佛教史籍概论［M］. 上海：上海书店出版社.

陈植，1957. 对我国造园事业中几个问题的商榷［J］. 文物参考资料，（06）：42–45.

陈植，1981. 造园词义的阐述［C］//中国建筑学会建筑史学分会. 建筑历史与理论（第二辑）：8.

程世抚，1980. 苏州古典园林艺术古为今用的探讨［J］. 建筑学报，（03）：6–12+3–4.

窦武，1979. 中国造园艺术在欧洲的影响［C］//清华大学建筑工程系建筑历史教研组. 建筑史论文集，（3）. 北京：清华大学出版社.

范文澜，2008. 唐代佛教［M］. 重庆：重庆出版社.

冯钟平，1979. 环境、空间与建筑风格的新探求［J］. 建筑学报，（04）：8–16+5–6.

顾禄，1980. 桐桥倚棹录［M］. 上海：上海古籍出版社.

郭黛姮，张锦秋，1963. 苏州留园的建筑空间［J］. 建筑学报，（03）：19–23.

郭熙，2010. 林泉高致［M］. 济南：山东画报出版社.

何重义，曾昭奋，1980. 风物长宜放眼量——圆明园西北景区［M］//《建筑师》编辑部. 建筑师（5）. 北京：中国建筑工业出版社.

黑格尔，1981. 美学：第三卷（上册）［M］. 朱光潜，译. 北京：商务印书馆.

侯幼彬，1963. 传统建筑的空间扩大感［J］. 建筑学报，（12）：10–12.

侯幼彬，1981. 建筑内容散论［J］. 建筑学报，（04）：28–32.

黄心川，戴康生，等. 1979. 世界三大宗教［M］. 北京：生活·读书·新知三联书店.

计成，2011. 园冶［M］. 北京：中华书局.

李道增，单德启，田学哲，等. 1980. 峨眉山旅游区及其建筑特色［M］//《建筑师》编辑部. 建筑师（4）. 北京：中国建筑工业出版社.

李道增，田学哲，单德启，等. 1980. 对名山风景区发展旅游建筑和探讨——从峨眉山旅游区和川西民间建筑得到的启发［M］//《建筑师》编辑部. 建筑师（4）. 北京：中国建筑工业出版社.

李斗，2007. 扬州画舫录［M］. 北京：中华书局.

李格非，1955. 洛阳名园记［M］. 北京：文学古籍刊行社.

李渔，2009. 闲情偶寄［M］. 呼和浩特：内蒙古人民出版社.

刘敦桢，1984. 中国古代建筑史［M］. 北京：中国建筑工业出版社.

刘敦桢，2005. 苏州古典园林［M］. 北京：中国建筑工业出版社.

刘管平，1980. 关于园林建筑小品［M］//《建筑师》编辑部. 建筑师（2）. 北京：中国建筑工业出版社.

刘先觉，潘谷西. 2007. 江南园林图录［M］. 南京：东南大学出版社.

芦原义信，1985. 外部空间设计［M］. 尹培桐，译. 北京：中国建筑工业出版社.

罗哲文，1957. 园林谈往［J］. 文物参考资料，（06）：57-63.

孟兆祯，1980. 假山浅识［M］//《建筑史专辑》编辑委员会. 科技史文集：第5辑，建筑史专辑（2）. 上海：上海科学技术出版社.

莫伯治，吴威亮，1981. 山庄旅舍庭园构图［J］. 南方建筑，（1）：1.

潘谷西，1963. 苏州园林的观赏点和观赏路线［J］. 建筑学报，（06）：14-18.

潘谷西，1980. 我国园林发展概观［M］//《建筑史专辑》编辑委员会. 科技史文集：第5辑，建筑史专辑（2）. 上海：上海科学技术出版社.

彭一刚，1963. 庭园建筑艺术处理手法分析［J］. 建筑学报，（03）：15-18.

任继愈，1973. 汉唐佛教思想论集［M］. 北京：人民出版社.

沈复，2009. 浮生六记［M］. 呼和浩特：内蒙古人民出版社.

四水潜夫，1981. 武林旧事［M］. 杭州：西湖书社.

天津大学建筑系，承德文物局，1982. 承德古建筑［M］. 北京：中国建筑工业出版社.

童寯，1963. 江南园林志［M］. 北京：中国工业出版社.

童寯，1980. 随园考［M］//《建筑师》编辑部. 建筑师（3）. 北京：中国建筑工业出版社.

汪国瑜，1981. 从传统建筑中学习空间处理手法［J］. 建筑学报，（06）：70-77+4.

汪菊渊，2006. 中国古代园林史［M］. 北京：中国建筑工业出版社.

汪星伯，1979. 假山［C］//清华大学建筑工程系建筑历史教研组. 建筑史论文集，（3）. 北京：清华大学出版社.

汪之力，1980. 如何建设桂林风景区［J］. 建筑学报，（04）：5-10+3-4.

王华彬，1980. 古为今用，推陈出新［M］//《建筑师》编辑部. 建筑师（1）. 北京：中国建筑工业出版社.

文震亨，1985. 长物志［M］. 北京：中华书局.

谢凝高，1981. 关于风景美的探讨［J］. 建筑学报，（02）：42-51+84.

熊伯履，1963. 相国寺考［M］. 郑州：河南人民出版社.

徐宏祖，2010. 徐霞客游记［M］. 上海：上海古籍出版社.

杨鸿勋，1957. 谈庭园用水［J］. 文物参考资料，（06）：24-27.

杨衒之，2011. 洛阳伽蓝记校注［M］. 上海：上海古籍出版社.

张家骥，1963. 读《园冶》［J］. 建筑学报，（12）：20-21.

赵立瀛，1980. 谈中国古代建筑的空间艺术［M］//《建筑师》编辑部. 建筑师（1）. 北京：中国建筑工业出版社.

赵朴初，1988. 佛教常识问答［M］. 南京：江苏古籍出版社.

郑孝燮，1980. 保护文物古迹与城市规划［J］. 建筑学报，（04）：11-13.

郑孝燮，1980. 关于风景文物保护区的探讨［M］//《建筑师》编辑部. 建筑师（3）. 北京：中国建筑工业出版社.

周维权，1969. 北京西北郊的园林［C］//清华大学建筑工程系建筑历史教研组. 建筑史论文集，（2）. 北京：清华大学.

周维权，1980. 颐和园的排云殿佛香阁［C］//清华大学建筑系. 建筑史论文集，（4）. 北京：清华大学出版社.

周维权，1981. 以画入园，因画成景——中国园林浅谈［J］. 美术，（07）：47-51.

朱家潜，1957. 漫谈叠石［J］. 文物参考资料，（06）：28-31.

朱自煊，郑光中，1980. 黄山、白岳规划初探［M］//《建筑师》编辑部. 建筑师（4）. 北京：中国建筑工业出版社.

宗炳，1985. 画山水序［M］. 北京：人民美术出版社.